Was
lässt Sie
nachts
nicht
schlafen?

FREDMUND MALIK

Was lässt Sie nachts nicht schlafen?

ERSTE HILFE FÜR FÜHRUNGSKRÄFTE

CAMPUS VERLAG
FRANKFURT/NEW YORK

ISBN 978-3-593-51961-6 Print
ISBN 978-3-593-45964-6 E-Book (PDF)
ISBN 978-3-593-45963-9 E-Book (EPUB)

Umschlaggestaltung: Hißmann, Heilmann, Hamburg
Satz: Publikations Atelier, Weiterstadt
Gesetzt aus der Kepler und der Scala Sans
Druck und Bindung: Beltz Grafische Betriebe GmbH, Bad Langensalza
Beltz Grafische Betriebe ist ein Unternehmen mit finanziellem Klimabeitrag (ID 15985-2104-1001)
Printed in Germany
Kontakt: Werderstr. 10, 69469 Weinheim, info@campus
www.campus.de

INHALT

VORWORT

Die Große Transformation21 wird immer deutlicher. Waren Änderungen bis vor ein paar Jahren noch eher sanft und größtenteils unsichtbar, so graben sich deren Spuren nun immer tiefer in die Gesellschaft ein. Sie sind kaum noch zu übersehen. Was bis vor kurzem noch zuverlässig funktionierte, gerät plötzlich aus den Fugen. Folglich steht auch das Management von Menschen und Organisationen vor neuen Herausforderungen. Vor diesem Hintergrund habe ich in einer Studie *»Was lässt Sie nachts nicht schlafen?«* Top-Führungskräfte danach befragt, was sie derzeit am meisten umtreibt. Im Folgenden beschreibe ich einige der Problemlagen, die von rund 80 Prozent der Befragten genannt wurden.

1. »Die heutigen Herausforderungen können wir mit herkömmlichen Mitteln nicht mehr meistern«: *Auf der Suche nach neuem Management*

Das ist erstmals die beinahe einhellige Sicht von Top-Führungskräften. Eine klare Ansage – ohne Wenn und Aber! Man beachte aber: Die Top-Führungskräfte sagen nicht, *dass man die Herausforderungen gar nicht mehr meistern* könne. Sondern sie sagen: Mit den *herkömmlichen* Mitteln kann man sie nicht mehr meistern. Sie meinen damit die bisherigen Managementpraktiken und Instrumente. Sie erkennen, dass für die neuen, speziellen Herausforderungen auch eine neue Art von Management nötig ist mit neuen Praktiken, Methoden und Tools.

2. »Wir betreten Neuland«: *Was zu tun ist, wissen viele. Aber wie?*

Alle wissen, dass man Digitalisieren muss. Inzwischen ist das zum Allgemeingut geworden. Viele haben damit aber nicht nur gute Erfahrungen gemacht. Denn immer öfter stellt es sich heraus, dass man mit der Digitalisierung nichts wirklich Neues geschaffen hat. Warum? *Weil die bisherigen Prozesse weitgehend unverändert geblieben sind.* Man hat also zwar digitalisierte Prozesse – die aber weiterhin die alten sind. Wirklich neue Lösungen fordern auch eine radikal neue Art der Umsetzung.

3. »Es gibt immer mehr Nein-Sager«: *Bisheriges Change-Management verhindert Change!*

Diese Aussage gehört zu den bedeutendsten Änderungen. Man gibt die frühere Hoffnung auf, dass Menschen sich *sowohl wirksam als auch dauerhaft* ändern. Das betrifft nicht etwa nur die älteren Menschen, sondern auch die jüngeren, die sich mit grundlegendem Change schwertun. Die bisherige Art des Change-Managements ist methodisch nicht mehr stark genug, um den fundamentalen Wandel der »Großen Transformation« wirksam herbeizuführen, richtig zu nutzen und auch zu stabilisieren. Es entstehen Erwartungen, die man nicht erfüllen kann. Die Menschen sind enttäuscht und entmutigt. *Das Gegenteil von Change ist eingetreten.*

Aber es gibt noch eine andere Lösung! Sie lautet: Lass die Menschen so, wie sie sind. Aber gib ihnen neue Tools, mit denen sie anders handeln können, ohne sich selbst ändern zu müssen. Mit dieser Lösung entstehen keine Ängste und keine Widerstände gegen Change, sondern positive Triebkräfte für die Gestaltung des Neuen.

Als Beispiel: Um ein Smartphone zu benutzen, musste man nicht seine Persönlichkeit, seinen Charakter, sein Wesen verändern ... Deshalb hat es sich rasch durchgesetzt. Als Folge – nicht als Ursache –

haben die Menschen dann auch neue Kommunikationsgewohnheiten entwickelt.

4. »Wir müssen uns für die Zukunft neu erfinden …«: *Man braucht dafür drei Strategien. Eine allein genügt nicht.*

Für 100 Prozent der Befragten stehen strategische Fragen ganz oben auf ihrer aktuellen Agenda. Allerdings erkennen weniger als 30 Prozent, dass man mehr als eine Strategie, nämlich *drei Strategien* braucht:

- Strategie 1 ist nötig für die Nutzung der noch brauchbaren, bereits vorhandenen Potenziale der Alten Welt.
- Strategie 2 ist nötig für den Aufbau der neuen Potenziale für die Neue Welt.
- Strategie 3 braucht man für das Transformationsmanagement, für den Übergang von der Alten Welt in die Neue Welt.

5. »Es besteht das Risiko irreführender Navigation«: *Vernetzung bedeutet Komplikationszuwachs.*

Mit häufiger Verwendung des Wortes »Digitalisierung« ist im Unternehmen noch nichts gewonnen. Digitalisierung ist ein »alter Hut«. Bereits seit Mitte der 1970er-Jahre gibt es genügend Digitalisierung. Es gab damals auch das berühmte US-Unternehmen mit dem trefflichen Namen »Digital Equipment Corporation«. Das Wichtige an der Digitalisierung ist die Vernetzung, die sie ermöglicht, und vor allem: die Selbst-Vernetzung. Vernetzung bedeutet Komplexitätszuwachs. Je stärker die Vernetzung ist, desto komplexer ist das System. Nun besteht erstmals die Möglichkeit in der Welt, dass sich *alles mit allem vernetzt – und zwar: global.* Vernetzung ist die Quelle von dynamischer Komplexität.

6. »Alles ist sehr kompliziert …«: *Oder ist es komplex? Der neue Umgang mit Komplexität*

Viele scheuen vor Komplexität zurück und wollen diese reduzieren. Man verwechselt Komplexität aber mit Kompliziertheit, zum Beispiel mit Bürokratie. Kompliziertheit soll man reduzieren. Komplexität soll man aber nutzen, denn sie ist die »Goldmine« der Zukunft. *Komplexität ist die Quelle von Intelligenz, Kreativität und Innovation, von reichhaltigen Aktionsmöglichkeiten.* Komplexität kann man daher kreativ nutzen.

7. »Wir haben Kultur-Stress«: *Was nicht funktioniert, wird neuerdings in den Kultur-Topf geworfen.*

Professionellen Führungskräften fällt zunehmend auf, dass in ihren Organisationen alles, was schlecht funktioniert, in denselben Topf geworfen wird, nämlich in den »Kultur-Topf«. Es wird von »fehlender«, »schlechter«, »falscher« oder »unzureichender« Organisationskultur gesprochen. Kultur muss für alles herhalten, was »nicht richtig funktioniert«.

Funktionsmängel können aber weitab von jeder Kultur viele Ursachen haben: Unzureichende Strategien, ungeeignete Strukturen, falsche Personalentscheide, mangelhaftes Managementwissen und dysfunktionale Kommunikation. Diese wirken sich zwar in der Kultur aus, werden dort spürbar, aber die Ursachen dafür liegen meist woanders.

In diesem Buch habe ich eine Auswahl aus meinen bisher geschriebenen Management-Lettern vorgenommen. Die erste Ausgabe habe ich im Jahr 1993 veröffentlicht. Damals, und über viele Jahre, ging der Malik-Letter noch monatlich in einer längeren Version an die Leserinnen und Leser. In den letzten Jahren – seit der Corona-Pandemie – erschien der Letter dann kompakter, aber dafür wöchentlich. Zusammengefasst schreibe ich somit seit mehr als 30 Jahren kontinuierlich über das Aktuelle zur Wirtschaftslage und zu Kernthemen des Managements – kritisch gegen Management-Moden und für die richtigen Lösungen.

Das Buch enthält deshalb Antworten auf aktuelle Fragen in Zeiten von Veränderungen und auch Krisen, die Führungskräfte häufig »nachts nicht schlafen lassen«. Fast alle Texte stammen aus den Jahren 2019 bis 2024. Sie sind mit meinen Malik Managementsystemen kompatibel und geben Anlass, sich ausführlich damit zu beschäftigen. Sie sind damit vor allem als »Erste Hilfe für Führungskräfte« zu verstehen. Entstanden ist eine Sammlung der wichtigsten Themen und Grundsätze. Führungskräfte sollten diese kennen und können, wenn sie erfolgreich sein wollen – sowohl im Beruf, als auch in ihrem Leben, als Führungskräfte ebenso wie als Fachleute. Wer darüber hinaus tiefer in meine Malik Managementsysteme einsteigen möchte, sei auf meine vorangehenden Publikationen verwiesen.

Ich danke dem Team des Campus Verlages, vor allem Frau Dr. Judith Wilke-Primavesi.

Mein besonderer Dank gilt Frau Jetmire Hazeraj für die überaus gute Zusammenarbeit. Ohne sie würde es dieses Buch so nicht geben.

Fredmund Malik
St. Gallen, im Juli 2024

AUF DAS WESENTLICHE KONZENTRIEREN

»Man hat nur die Wahl, vieles
unerledigt zu lassen und dafür
auf ein paar wenigen Gebieten
ins Gewicht fallende Ergebnisse
zu erzielen – oder nirgends
etwas zu erreichen.«

DAS TUN ZÄHLT

Wirksame Menschen haben keine anderen Gemeinsamkeiten – außer dass sie wirksam sind. Das »Geheimnis« ihrer Wirksamkeit liegt aber nicht in der Antwort auf die Frage: Wie sollen Menschen sein, um für eine Führungsposition in Frage zu kommen? Es liegt nicht in der Persönlichkeit, auch nicht im Charakter, nicht in der Bildung und auch nicht in der sozialen Herkunft, so wichtig diese Faktoren im Einzelfall sein mögen. Der Schlüssel zur Wirksamkeit liegt nicht im Sein, sondern im Tun. Er liegt in der Art ihres Handelns. Entscheidend ist nicht, wer jemand ist, sondern wie jemand handelt.

Als Menschen sind wirksame Führungskräfte sehr verschieden. Sie entsprechen keinen Anforderungsprofilen und keinen akademischen Idealtypen. Durch ihr Handeln hingegen zieht sich ein roter Faden, ein Muster …

Die eigentümliche Fixierung auf die Frage, wie jemand sein soll, kommt nur im Management vor. Bei Chirurgen fragt man nicht, wie sie sind, sondern ob sie operieren können. Orchestermusiker werden danach beurteilt, ob sie ihr Instrument beherrschen. Hochspringer müssen hoch und Weitspringer weit springen können. Mehr wird nicht verlangt. Die analoge Frage ist auch bei Führungskräften nicht gerechtfertigt. Bestimmte Wesenszüge können allerdings ein Grund dafür sein, dass eine Person für eine bestimmte Stellung nicht in Frage kommt. Das ergibt sich aus der Individualität sowohl der Person als auch der Position, nicht aber aus generalisierten Idealvorstellungen.

Die Gemeinsamkeiten, die man bei wirksamen Menschen finden kann, liegen in ihrer *Arbeitsweise*: Sie befolgen bestimmte Regeln und Grundsätze, von denen sie sich – was immer sie tun und wo immer sie es tun – bewusst oder unbewusst leiten lassen. Sie erfüllen bestimmte Aufgaben mit besonderer Sorgfalt, und in ihrer Arbeitsweise folgen sie Grundsätzen handwerklicher Professionalität und wenden bestimmte Werkzeuge an. Es sind dieselben Elemente wie in jedem Beruf. Das ist etwas anderes als sich in den gängigen, zuvor genannten Listen für Anforderungen findet. In gewisser Weise sind diese Listen *inhuman*, denn man darf von Menschen keine Dinge verlangen, die sie nicht leisten können.

Es ist eine Sache, Forderungen zu stellen, und es ist fast immer eine ganz andere Sache, wenigstens ansatzweise auch den Beweis zu erbringen, dass diese Forderungen erfüllbar sind. Würde man dieses Kriterium anwenden, gäbe es einen Großteil der Managementliteratur nichts.

VOM PLANEN ZUM HANDELN

In den meisten Organisationen und für die meisten Führungskräfte ist das zu Ende gegangene Jahr anders abgelaufen, als es geplant war. Man kann sicher sein, dass auch das aktuelle Jahr anders sein wird als die vielleicht gerade definitiv verabschiedeten Planungen und Budgets. Auch all das, was man sich an persönlichen Zielen vorgenommen hat, ist nicht immer erreicht worden. Und so wird es meist weitergehen. Wir werden nicht so schnell zu jener Kontinuität zurückkehren, die es einmal gab – vielleicht wird es nie wieder so sein.

Es gibt Leute, die sich dadurch zum Irrglauben verleiten lassen, dass es überhaupt keinen Sinn mehr mache vorauszudenken, zu planen, Strategien zu machen und Ziele festzulegen. Das ist eine gefährliche Auffassung. Sie führt direkt zu blindem Improvisieren und zu richtungslosem Aktionismus. Die wesentliche Frage lautet nicht, ob man heute noch planen kann, sondern: *Was kann man, trotz aller Turbulenzen, noch als relative Anhaltspunkte erkennen?* Und vor allem muss man fragen, was man tun muss, um die gegebene Situation zu verbessern.

Rückblick in eigener Sache

Unabhängig von allen Planungsfragen kann man bei erfolgreichen Führungskräften zum Jahresbeginn einige spezielle Dinge beobachten. Sie verwenden spätestens zu Beginn des neuen Jahres (vielleicht haben sie es aber schon am Ende des alten Jahres getan) etwas Zeit darauf, einen Rückblick in eigener Sache zu machen. Dabei stellen sie sich folgende Fragen:

- Was waren meine Ziele?
- Was habe ich erreicht? Was nicht?
- Und warum nicht?
- Was habe ich gut gemacht? Was nicht?
- Wo bin ich »faule« Kompromisse eingegangen und warum?
- Wo habe ich eine Gelegenheit, eine Chance, ungenutzt verstreichen lassen?
- Was habe ich übersehen?
- Was waren meine Prioritäten, aber was hätten sie sein müssen?

Manche machen diesen Rückblick in Form eines Briefes an sich selbst. Wichtig ist aber, dass man diese Dinge aufschreibt. Es genügt nicht, das Jahr vor seinem geistigen Auge vorbeiziehen zu lassen. Das ist zu flüchtig. Es entschwindet sofort wieder der Aufmerksamkeit und hinterlässt keine dauerhafte Wirkung. Man kann daraus nichts oder nur wenig lernen.

Wichtig ist weiter, dass man sich um Objektivität und Ehrlichkeit sich selbst gegenüber bemüht. Dass das dem Sterblichen nicht leichtfällt, ist bekannt; dass er es nie ganz schaffen wird, ebenfalls. Aber man kann es versuchen. Auch von sich selbst sehr überzeugte Leute können sich einmal im Jahr eine Stunde der Wahrheit einräumen. Wer unsicher ist, kann sich von einem guten Freund, einem Mentor, oder – was vielleicht das Ideale wäre – von seinem Lebenspartner dabei helfen lassen.

Schlüsselaufgaben festlegen

Noch wichtiger aber als die Rückschau ist der Blick nach vorne. Die alles entscheidende Frage muss lauten: *Was müssen meine Schlüssel-*

aufgaben für das vor mir liegende Jahr sein? Was muss ich tun, um Erfolg zu haben – oder aus dem Misserfolg herauszukommen?

Dazu einige Hinweise: Den Schlüsselaufgaben oder Schlüsselaufträgen ist ein sehr hoher Stellenwert einzuräumen. Es genügt nicht zu sagen: Ich bin Finanzchef, Verkaufsleiterin, Chefcontroller, Spitalsdirektorin oder Logistikkoordinator. Das ergibt sich aus dem Dienstvertrag und der Stellenbeschreibung – aber für sich genommen ist es völlig nichtssagend.

Leadership heißt unter anderem, jene speziellen Aufgaben (im Englischen die *issues* oder *assignments*) herauszuarbeiten, die erfolgsentscheidend für die nächste ins Auge zu fassende Periode sind. Finanzchef oder Spitalsdirektorin zu sein ist keine Aufgabe, sondern eine Position. Sie ist die Voraussetzung dafür, Aufgaben zu identifizieren und festzulegen, aber sie definiert noch nicht die Aufgaben selbst.

Wenn man eine Führungskraft ist, dann gehören zwei Dinge immer zu den Schlüsselaufgaben: Menschen und Finanzen, gleichgültig, in welcher Art von Organisation man arbeitet. Alle anderen erfolgsentscheidenden Aufgaben sind abhängig von der Art der Stelle, von der Art der Organisation, für die man tätig ist, und von der Situation, in der man sich befindet. Die Aufgaben lassen sich daher nicht allgemein umschreiben, sondern nur im speziellen Fall bestimmen. Menschen und Geld sind aber von universeller Bedeutung, sowohl für das Wirtschaftsunternehmen, als auch für die gemeinnützige Organisation, für das Krankenhaus ebenso wie für die Verwaltungsbehörde.

Wer in einem Unternehmen Verantwortung für wirtschaftliche Ergebnisse hat, wer also einen Geschäftsbereich, ein Profit-Center, eine Business-Einheit zu führen hat, tut gut daran zu durchdenken, wie sie oder er die »Bottom Line« im kommenden Jahr definieren will. Man muss überlegen, was als Resultate zählen soll. Gewinne zu erzielen genügt nicht. Gewinn ist ein Gummimaßstab. Von entscheidender Bedeutung ist, sich auf einige wenige Punkte zu konzentrieren. Beim ersten Anlauf kommt man vielleicht zu einer längeren Liste von acht, zehn oder zwölf Kandidaten für Schlüsselaufgaben. Das ist in aller Regel aber zu viel und vor allem ist es meistens zu viel Verschiedenartiges.

Konzentration auf das Wesentliche

Für Wirksamkeit und Erfolg ist Konzentration unabdingbar. Sie ist das »Geheimnis« erfolgreicher Leute – in der Wirtschaft gleichermaßen wie in Kunst, Wissenschaft und Politik. Man kann sich zwar immer mit drei Dutzend verschiedenen Dingen beschäftigen, aber man kann niemals auf drei Dutzend Gebieten erfolgreich und wirksam sein. Daher ist es unumgänglich, Prioritäten zu setzen – und dies darf niemals ein mechanischer Vorgang sein. Es gibt, entgegen weit verbreiteter Behauptungen, keine allgemeinen Formeln oder Punktbewertungssysteme, mit denen man zu vernünftigen und richtigen Prioritäten kommt. Der einzige Weg ist die von mir immer wieder empfohlene Methode des gründlichen und *gewissenhaften Durchdenkens der Natur seines Aufgabenbereiches*, seiner Abteilung oder seines Unternehmens.

Prioritäten zu bestimmen erfordert Entscheidungen – risikoreiche und schwierige Entscheidungen. Wer sich um sie herumdrückt, ist keine Führungskraft und wird schon gar kein guter Unternehmer sein können. Wie Peter Drucker einmal so schön sagte: »Wirksame Führungskräfte erledigen erstrangige Dinge zuerst und zweitrangige Dinge? Überhaupt nicht!«

Das mag manchen als zu strikt vorkommen und vielleicht sogar als theoretisch. In Wahrheit ist es aber etwas vom Praktischsten – falls man an Wirksamkeit interessiert ist. Obwohl man immer wieder gegen diese Maxime verstoßen und Kompromisse machen wird – es lohnt sich, dieses Prinzip ernst zu nehmen.

Schlüsselaufgaben reduzieren

Man muss also die Kandidatenliste zusammenstreichen. Sie wird am Anfang immer zu lang ausfallen. Ich habe Führungskräfte kennengelernt, die sich pro Jahr eine einzige Schlüsselaufgabe stellen und diese mit aller Konsequenz verfolgen. Es waren bemerkenswert erfolgreiche Leute. Vielleicht kann man dem aber doch nicht immer ganz nachleben und wird schließlich, nach mehrmaligem Nachdenken, zu zwei, drei oder vier Schlüsselaufgaben kommen. Wie dem auch sei – es müssen wenige sein.

Man beachte, dass ich die einleitende Schlüsselfrage so formulierte: *Was muss ich tun, um erfolgreich zu sein?* Sie lautet nicht: Was würde ich gerne tun? oder: Was wollen andere, dass ich es tue? Es muss das Bestreben sein – so mangelhaft man es auch einlösen wird können –, die objektiv gegebene Situation zu erfassen und die sich objektiv stellenden Aufgaben.

Wesentlich ist also nicht zu fragen: Was ist für mich wichtig? Sondern: Was ist für mich *in der gegebenen Situation* wichtig? Die wenigsten von uns – und schon gar nicht Führungskräfte – sind Eremiten, die sich auf ihre subjektiven Empfindungen, Meinungen und Vorstellungen zurückziehen können. Man steht im Kontext eines objektiv gegebenen Unternehmens und einer objektiv gegebenen Unternehmenssituation.

Was zu tun ist, mag mit den eigenen Vorstellungen zum Beispiel über Selbstverwirklichung oder mit den subjektiven Wünschen und Präferenzen nicht übereinstimmen und gelegentlich sogar in scharfem Widerspruch dazu stehen. Nichtsdestoweniger ist es zu tun – im Dienst der Sache. Genau darin liegt ein weiteres Element von Leadership und eine Haltung, die man bei allen echten Führungskräften erkennen kann. Hier kommen – altmodisch, vielleicht, aber wichtig – Dinge zum Tragen wie Pflichterfüllung und Selbstlosigkeit.

Beruf und Privatleben integrieren

Unter den Schlüsselaufgaben können sich durchaus private Dinge finden. Ich plädiere zwar für »Dienst an der Sache«, aber keineswegs für »sklavischen« Dienst an der Sache. Man gibt sein Bestes für eine Organisation, aber nicht sein »Leben«. Das Herausarbeiten der Schlüsselaufgaben zu Beginn des Jahres soll in keiner Weise zu einer Trennung von Beruf und Privatleben führen oder zur ausschließlichen Orientierung am Beruf. Dies wäre desaströs. Im Gegenteil, diese beiden Bereiche müssen integriert werden, und was gäbe es für ein besseres Instrument dazu als eben die Schlüsselaufgaben?

Wirklich effektive Menschen lassen es dabei aber nicht bewenden. Sie machen einen dritten Schritt – und dieser ist wesentlich für ihre Wirksamkeit: Sie schreiben auf, welche Erwartungen sie mit jeder ihrer Schlüsselaufgaben verbinden, insbesondere ihre Erwartungen bezüglich der Ergebnisse. Sinngemäß stellen sie die Frage: *Wenn ich das und das tue, was müsste dann geschehen, oder was müsste dann eintreten, oder wie müsste sich dann die Situation verändern und entwickeln?* Das ist der Schritt, mit dem sie die Voraussetzung organisieren, die notwendig ist, um zu einem späteren Zeitpunkt Feedback erhalten zu können.

Persönliche Stärken entdecken

Der dritte Aspekt ist für die persönliche Wirksamkeit meines Erachtens der wichtigste. Die hier dargestellte Methode ist der einzige Weg, um herauszufinden, wo man seine individuellen Stärken hat. Erfolge können nur entstehen, wenn man Stärken nützt. Aus Schwächen können niemals Ergebnisse und Erfolge resultieren. Wie aber entdeckt man Stärken? Nun, wenn man ein gewisses Alter erreicht hat, sollte man vermuten dürfen, dass man sich selbst einigermaßen kennt. Immer und immer wieder stelle ich aber fest, dass nur ganz wenige Führungskräfte die Frage nach ihren Stärken rasch und sicher beantworten können.

Ich will hier nur den wesentlichsten Punkt aufgreifen. Dieses Thema verdient eine gründlichere Behandlung. Am besten kann man es mit dem Beispiel der Berufsberatung von Schülerinnen und Schülern veranschaulichen. Meistens wird den Kindern die Frage gestellt: »Was würdest du denn gerne tun?« Ich sage nicht, dass diese Frage vollständig unwichtig wäre. Gelegentlich sollte man auch sie stellen. Aber im Kern ist es die falsche Frage. Die richtige Frage muss lauten: »Was fällt dir leicht?« Es gibt fast gar keinen Zusammenhang zwischen dem, was man gerne tut, und dem, was man gut kann. Es gibt aber einen fast hundertprozentigen Zusammenhang zwischen dem, was einem leicht fällt, und dem, was man gut kann.

Es gibt auch einen starken Zusammenhang zwischen dem, was man nicht gerne tut, und dem, was man nicht gut kann. Das ist nur natürlich und selbstverständlich. Dinge, die man nicht gerne tut, schiebt man immer vor sich her; man geht mit Widerwillen an diese Arbeiten heran und man sieht wenig Anlass, sich ausgerechnet damit besonders intensiv zu befassen. Das ist klar. Das andere ist aber gar nicht so klar. Und es steckt sogar eine ziemlich teuflische Problematik in der Korrelation zwischen »leichtfallen« und »gut machen«. Was einem leichtfällt, fällt einem nicht auf. Man übersieht es – weil es einem leichtfällt. Und was man übersieht, nutzt man auch nicht. Daraus resultiert eine Tragik im Leben vieler Menschen: Sie nutzen ihre wahren Stärken nicht, weil sie ihnen nicht auffallen, weil sie sie gar nicht bemerken.

Albert Einstein

Am besten lässt sich das am Beispiel von Albert Einstein zeigen: Noch immer grassiert der Irrtum, Einstein sei ein schlechter Schüler gewesen; insbesondere in Mathematik. Das stimmt hinten und vorne nicht. Einstein hatte zugegebenermaßen Schwierigkeiten mit seinen

Lehrern. Und er war zum Beispiel nicht besonders an Sprachen interessiert. Aber er hatte insgesamt sehr gute Noten, und er hatte ausgezeichnete Noten in Mathematik und Physik. Aber Mathematik und Physik waren nicht seine große Leidenschaft. Sein Herz hat für etwas ganz anderes geschlagen – für die Musik und besonders für die Geige. Einstein hätte wohl seinen Nobelpreis und Jahre seines Lebens dafür gegeben, ein großer Geiger zu sein. Er hat mit Leidenschaft täglich geübt. Das hat er wirklich gerne gemacht – aber es ist nichts dabei herausgekommen. Es hat kaum für ein drittklassiges Provinzorchester gereicht. Seine Leidenschaft korrespondierte überhaupt nicht mit seinen Stärken.

Die Mathematik aber ist ihm leichtgefallen, so leicht, dass es ihm kaum aufgefallen ist. Er hat damit nie Schwierigkeiten gehabt. Ich selbst kann bis heute nicht verstehen, dass man mit Mathematik keine Schwierigkeiten haben kann – aber so war es bei Einstein.

Die richtige Frage

Die Methode, seine Schlüsselaufgaben klar und präzise zu bestimmen, die damit verbundenen Erwartungen und vermuteten Ergebnisse aufzuschreiben und sie dann mit der Wirklichkeit zu vergleichen, ist der »Königsweg« zur Entdeckung von Stärken. Die Frage bei der Rückschau – und damit schließt sich der Kreis – sollte nicht nur lauten: Was habe ich erreicht?, sondern sie muss vor allem lauten: Was ist mir leichtgefallen, und wo hatte ich Schwierigkeiten? Was ist mir locker von der Hand gegangen, und wo musste ich mich bemühen, mich anstrengen und kämpfen? Wer diese Methode systematisch und mit diesen Fragestellungen im Auge einige Zeit lang anwendet, wird zuverlässig wissen, wo seine Stärken liegen. Und er wird daher seine Tätigkeit, wo immer es geht, auf diese Stärken hin ausrichten können. Die Folge wird sein, dass man erstens erfolgreich ist und zweitens dies – beinahe – anstrengungslos. Gibt es etwas Besseres im Leben?

IRRTÜMLICH AUF SCHWÄCHEN FIXIERT

In Gesprächen mit Führungskräften fordere ich diese auf: »Erzählen Sie von Ihren Mitarbeitenden. Was haben Sie für Leute? Was haben Sie für Kolleginnen und Kollegen und was für eine Chefin oder einen Chef ...?« Als ob man Schleusen geöffnet hätte, sprudelt es aus den Menschen heraus und sie berichten mir ... worüber? Ja, worüber? Über die Defizite und Schwächen ... Darüber, was die Leute in der Firma alles nicht können, über die Fehler der Kollegen und darüber, welch ein Versager der Chef ist ...

Das menschliche Gehirn, und zuerst unsere Wahrnehmung, scheinen auf eigentümliche Weise negativ und destruktiv zu arbeiten. Was *nicht* funktioniert, fällt uns auf – eben *weil* es nicht funktioniert und eben *weil* es daher Schwierigkeiten gibt. Die Defizite brennen sich ins Bewusstsein, *weil* sie Probleme schaffen, Maßnahmen erfordern und Mühe machen. Menschliche Wahrnehmung ist selektiv, das ist eine altbekannte Tatsache. Nicht immer klar ist, *was* wir als relevant für unsere Wahrnehmung auswählen.

Zumeist sind es die Schwächen und Mängel der Menschen. Man kann aber sicher sein: Ständiges Jammern und Klagen über die Defizite von Menschen, seien es Mitarbeitende, Kollegen, Chefs, Kunden, Lieferanten oder man selbst, sind ein starkes Indiz dafür, dass man es entweder mit Anfängern im Management zu tun hat, mit jemandem, der eben noch nicht weiß, worauf es wirklich ankommt; oder dass man es mit einer inkompetenten Person zu tun hat. Den Anfängern kann man noch helfen, indem man sie neu und richtig orientiert; den Inkompetenten kann man meistens nicht mehr helfen. In Zusammenhang mit Menschen sind sie eine Gefahr.

Wenn man Menschen auf ihre Stärkenorientierung hin beobachtet, wird man – es ist fast zu trivial, um es zu erwähnen – praktisch ohne Ausnahme finden, dass jeder, auch der scheinbar Unfähigste, seine Stärken hat – wahrscheinlich wenige, meistens nur eine einzige. Und man wird weiter finden, dass auch die fähigsten Leute, die Spitzenkönner, große und viele Schwächen haben. Es ist nicht trivial, sondern tragisch, dass man sich in erster Linie auf das Erkennen von Schwächen fokussiert und dann die gesamten Kräfte einsetzt, um die Schwächen zu beseitigen.

Das ist eine *erfolgreiche* Strategie! Sie ist aber beinahe auf teuflische Weise erfolgreich ... Da hat jemand Defizite, zum Beispiel in kommunikativer Kompetenz oder in seiner Teamfähigkeit oder was sonst heute in Firmen – zu Recht oder zu Unrecht – verlangt wird. Man konzipiert ein Förderungs- und Entwicklungsprogramm, schickt die Menschen auf Seminare oder lässt sie coachen.

Das hat Wirkung! Nachdem einige dieser Maßnahmen absolviert sind, wird man große Fortschritte sehen und auf einem anderen Gebiet Verbesserungen erkennen. Jenes Manko ist geringer geworden, und dieses Problem ist gemildert. Die Mitarbeitenden sind *besser* geworden! Aber in welchem Sinne? Besser im Sinne von »weniger schwach«. Sie haben einen markanten Schritt – wohin gemacht? Zur Mittelmäßigkeit ... Als Mitarbeitende sind sie »pflegeleicht« geworden; vorher haben sie täglich dreimal Schwierigkeiten bereitet, jetzt nur noch jeden dritten Tag einmal. Das wird als Fortschritt bewertet, und man sieht sich in dieser Strategie bestätigt. Man orientiert sich an der Reduktion der Schwächen. Daraus erwachsen aber keine Stärken ...!

STÄRKEN MIT AUFGABEN VERBINDEN

Im Management wird zwar viel über Anpassungsfähigkeit und Flexibilität *geredet* – zumeist wird die Last der Anpassung aber *den Menschen aufgebürdet.* Von diesen wird erwartet und oft auch verlangt, dass sie sich ändern. Dass man auch die Organisation ändern könnte, kommt den meisten schon weit seltener in den Sinn. Wenn es darum geht, die Organisation zu modifizieren, um Menschen stärkengerecht einzusetzen, dann ist die Bereitschaft für Wandel viel geringer. Dann wird eher mit organisationstheoretischen Dogmen operiert – etwa damit, dass man *personenunabhängig* organisieren müsse.

Zugegeben: Was der Grundsatz der Stärkenorientierung verlangt, ist meistens nicht einfach zu verwirklichen, aber es ist hochwirksam. Es wird nie zu 100 Prozent gelingen. In dem Maße aber, in dem es gelingt, Stärken und Aufgaben zur Deckung zu bringen, darf man sicher sein, dass zwei Ergebnisse eintreten: Plötzlich werden Spitzenleistungen erbracht. Spitzenleistungen können dort – und *nur* dort – eintreten, wo Stärken schon vorhanden sind. Und man wird etwas Zweites beobachten: Man wird nie wieder Motivationsprobleme haben, und daher müssen auch keine mehr gelöst werden. Sie lösen sich auf …!

Denn man braucht niemanden zu motivieren, dort gut zu sein, wo er wirklich gut ist, wo er seine Stärken hat. Ich behaupte, dass es umgekehrt keinen Weg gibt, jemanden zu motivieren, dort gut zu sein und zu leisten, wo er seine Schwächen hat. Es beginnt schon damit, von Menschen überhaupt die Beseitigung ihrer Schwächen zu verlangen. Das allein erfordert fast immer enorme – und gelegentlich auch übermenschliche – Anstrengungen. Das wäre an sich aber noch nicht das entscheidende Problem, denn man könnte ja hoffen, dass der Aufwand durch die damit erzielten Ergebnisse zu rechtfertigen sei. Diese Hoffnung erweist sich meistens als falsch. Keine Schwächen als Folge ihrer Ausmerzung zu haben, ist etwas gänzlich anderes, als Stärken zu besitzen.

DIE ZWEI QUELLEN GROSSER LEISTUNGEN: STÄRKEN UND KONZENTRATION

Wenn man der Frage nachgeht, wie wirklich große Leistungen tatsächlich erbracht wurden, kann man zwei Dinge sehen: Als Erstes, klar erkannte Stärken. Und als Zweites die kompromisslose Konzentration darauf.

Wer Ergebnisse erzielen will, muss Stärken nutzen, und wer Stärken nutzen will, muss viele und meistens auch große Schwächen in Kauf nehmen und diese *kompensieren*, was nicht dasselbe ist, wie diese zu beseitigen. Die Aufgabe heißt: Stärken nutzen und Schwächen bedeutungslos machen.

Es war bedeutungslos für Mozarts Erfolge als Komponist, dass er nicht malen konnte. Und für Michelangelo und seine phantastischen Meisterwerke war es ganz unwesentlich, dass er nicht komponieren konnte. Schwächen zu beseitigen, führt fast immer nur zur Mittelmäßigkeit, denn aus Schwächen kann man nur selten Stärken machen.

Wenn in einer Organisation die Einstellung – nennen wir sie Kultur – dadurch geprägt ist, dass man etwa sagt: »Herr Müller ist zwar ein ausgezeichneter Informatiker, aber er ist ein schwieriger Mensch, er ist nicht kooperativ, nicht teamfähig, nicht motiviert …; wir wollen uns von ihm trennen …«, dann hat man gegen die Grundsätze guten Managements verstoßen.

Man muss die Sache umdrehen: »Herr Müller!? Ein sehr schwieriger Mensch, nicht kommunikativ, nicht teamfähig …, aber der Mann ist ein so exquisiter Informatiker, dass es meine Aufgabe als sein Chef ist, dafür zu sorgen, dass er Tag und Nacht neue Software entwickeln kann. Wenn er mit der Welt nicht auskommt, dann übernehme ich das für ihn. Dieser Mann steht nicht auf unserer Lohnliste, weil er ein angenehmer Mensch ist, sondern damit er uns durch seine Arbeit der Konkurrenz um drei Jahre vorausbringt …«

KONZENTRIEREN AUF WENIGES

Der Grundsatz der Konzentration ist im Management deshalb so wichtig, weil kein anderer Beruf so stark und systematisch den Gefahren der Verzettelung und Zersplitterung der Kräfte ausgesetzt ist. Diese Gefahren gibt es zwar auch in anderen Tätigkeitsbereichen; jedoch sind sie nirgendwo sonst so institutionalisiert wie im Management, so »hoffähig« und so missverstanden als Zeichen besonderer Dynamik und Leistungsorientierung. Umgekehrt ist aber nichts so typisch für wirksame Führungskräfte wie ihre Fähigkeit, Kunst oder besser: ihre Disziplin, sich auf Weniges, dafür aber wirklich Wichtiges zu konzentrieren.

Das Wort »Konzentration« allein genügt aber nicht. Das Entscheidende, wenn man an Wirkung und Erfolg interessiert ist, ist die Beschränkung auf eine kleine Zahl von sorgfältig ausgesuchten Schwerpunkten. Die Auswahl der Prioritäten erfordert Sorgfalt, Gewissenhaftigkeit, gründliches Durchdenken der Situation – und viel praktische Erfahrung. Mehr braucht es meistens nicht.

Gelegentlich kommen zwar Einwände, das Prinzip der Konzentration sei dort, wo man es mit komplexen und vernetzten Situationen zu tun hat, nicht anwendbar. Das Gegenteil ist der Fall. Gerade dort ist sie nötig. Gerade *weil* vieles so komplex, vernetzt und interaktiv ist, ist dieser Grundsatz überhaupt erst wichtig geworden. Früher war er das nicht – aus einem schlichten Grund: In einfachen Situationen wird er nicht gebraucht. Dort gibt es kaum Ablenkung – daher ist der Grundsatz automatisch erfüllt. Weder der Bauer auf dem Feld noch der Arbeiter im Stahlwerk ist jenen Versuchungen der Verzettelung so ausgesetzt gewesen, die für den Wissensarbeiter und besonders für Managementpositionen typisch sind.

Die Sachlage ist klar: Man kann sich mit vielen verschiedenen Dingen beschäftigen – sogar gleichzeitig. Aber man kann nicht auf vielen verschiedenen Gebieten gleichzeitig erfolgreich sein. Daher muss man unterscheiden zwischen Arbeit und Leistung, zwischen Beschäftigung mit etwas und tatsächlichem Erfolg.

Wo immer sich Wirkung, Erfolg und Ergebnis zeigen, kann man – von Zufällen und Glück abgesehen – auch beobachten, dass der Grundsatz der Konzentration auf Weniges eingehalten wurde. Fast alle Menschen, die in irgendeiner Weise durch ihre Leistungen bekannt oder gar berühmt geworden sind, haben sich auf *eine* Sache, *eine* Aufgabe, *ein* Problem konzentriert. Das ging und geht oft bis zur Besessenheit. Immer gilt: Der Schlüssel zu Ergebnissen ist Konzentration auf eine Sache oder auf wenige Dinge. Es ist schon der Schlüssel zum gewöhnlichen Ergebnis. Ausnahmslos und ohne Kompromiss gilt das für das herausragende, außergewöhnliche Ergebnis, für die Spitzenleistung.

In der einigermaßen gut dokumentierten Geschichte gibt es nur zwei Personen, die vieles Verschiedenes – teilweise sogar gleichzeitig – angepackt haben und trotzdem erfolgreich waren oder jedenfalls so angesehen werden: Es sind Leonardo da Vinci und Johann Wolfgang von Goethe. In beiden Fällen spricht aber vieles dafür, dass auch diese sich im Grunde verzettelten und dass sie noch viel mehr und noch Größeres hätten erreichen können, wenn sie sich etwas beschränkt hätten. Dass sie dennoch ein großes Werk hinterlassen haben, ist ihrer unbestrittenen Ausnahmebegabung zuzuschreiben.

KLEINE CHECKLISTE FÜR DAS FINDEN VON PERSÖNLICHEN STÄRKEN

Einer der wichtigsten Grundsätze für wirksames Management und Selbstmanagement lautet: *Nutze Deine Stärken! Und nutze die Stärken von anderen!* Für viele sind das »Geheimnisse« für den Erfolg in Organisationen.

Aus Schwächen können keine Erfolge entstehen. Und aus der Beseitigung von Schwächen entstehen zumeist keine Stärken, sondern erst Mittelmäßigkeit. Für den Erfolg in Führungspositionen genügt das aber nicht. Es führt im Gegenteil oft zu herben Enttäuschungen, denn trotz größter Anstrengungen, die Menschen leisten, um ihre Schwächen auszumerzen, sind die anderen mit ihren Stärken ganz anstrengungsfrei schon weit vorne. Das Ausmerzen von Schwächen mag zwar eine große persönliche Leistung sein, aber sie zählt meistens nicht in den Organisationen und in der Konkurrenz mit anderen.

In diesem Zusammenhang gibt es noch den Fehler, persönliche Stärken mit Fachkenntnissen zu verwechseln. Nach ihren Stärken gefragt, antworten die meisten Menschen mit ihren fachlichen Fähigkeiten, wie etwa Studium der Betriebswirtschaftslehre mit Schwerpunkt Rechnungswesen, Personalwesen oder Marketing und außerdem fließend Englisch und Französisch; oder Rechtswissenschaften mit Schwerpunkt Steuerrecht. Solche Fähigkeiten und Kenntnisse sind zwar wichtig und sie gehören mit zu den Auswahl- und Beförderungskriterien. Aber es sind nicht jene Stärken, die ich hier meine.

Ich empfehle, zusätzlich noch auf andere Dinge zu achten, an die die meisten nur selten denken. Die folgenden Beispiele können als kleine Checklist mit großen Wirkungen dienen – und zwar sowohl für eigene Bewerbungen als auch für die Beurteilung von Bewerbungen.

1. Arbeite ich besser allein oder im Team? Bin ich also »Solist« oder »Mannschaftsspieler«?
2. Kann ich Zeitdruck aushalten? Oder brauche ich Ruhe und Gelassenheit, um zu guten Ergebnissen zu kommen?
3. Bin ich schnell oder eher langsam – im Denken und im Arbeiten?
4. Benötige ich Ordnung und Struktur? Oder kann ich gut mit unstrukturierten, sogar mit chaotischen Situationen fertigwerden?
5. Kann ich mich gut selbst organisieren, etwa in meiner Arbeitsmethodik, oder brauche ich dazu Anleitungen, Beispiele und Ausbildung?
6. Brauche ich für gute Leistung ein eher detailliertes Arbeitsprogramm oder genügen mir ein paar grobe Anhaltspunkte?
7. Kann ich mich gut konzentrieren, auch über längere Zeit hinweg, oder empfinde ich das als schwierig, weil ich eher spontan bin und auch anfällig für Ablenkungen?
8. Brauche ich Anerkennung von außen oder kann ich mich selbst motivieren?
9. Bin ich eher emotional oder rational?
10. Bin ich detailorientiert und kann ich mich gut auch um die Kleinigkeiten kümmern, oder bin ich eher ein Typ für die großen Linien?
11. Bin ich ein Macher oder ein Denker?
12. Bin ich direkt oder gehe ich eher indirekt vor?
13. Kann ich gut strukturiert denken und arbeiten – oder bin ich besser im freien Improvisieren?
14. Bin ich belastbar, auch über längere Zeiten, oder ermüde ich schnell?
15. Kann ich etwas zutreffend, präzise und verständlich beschreiben, oder bin ich eher weitschweifig, mit umständlichen Formulierungen?

16. Nehme ich auch unangenehme Dinge gelassen hin oder nehme ich alles gleich persönlich und fühle mich oft angegriffen? Und hängt das lange in meinem Gedächtnis?
17. Nehme ich vieles, etwa eine Frage, schnell als persönlichen Vorwurf oder sogar als Ausdruck des Misstrauens?
18. Kann ich rasch verzeihen oder bin ich über lange Zeit nachtragend?
19. Kann ich nach einer Auseinandersetzung rasch auf andere Menschen wieder zugehen oder versinke ich in lange Perioden des Grollens und Brütens?
20. Kann ich Misserfolge rasch wegstecken oder bleibe ich an ihnen hängen?

Verlängern Sie die Liste, wenn Ihnen ähnliche Dinge in den Sinn kommen, die ich hier nicht aufgeschrieben habe. Und machen Sie für sich selbst eine Checkliste mit den für Sie wichtigsten Punkten. Sobald Sie sich solcher Dinge bewusst sind, können Sie mit den Schwächen besser umgehen und – weit wichtiger – Sie können Ihre Stärken nutzen.

NUTZEN DER ZEIT

Jeder Mensch hat exakt gleich viel Zeit zur Verfügung – zwar nicht Lebenszeit, wohl aber *tägliche* Zeit. Wenn man allerdings schaut, wie unterschiedlich der Gebrauch ist, den die Menschen von ihrer Zeit machen, dann zeigen sich enorme Unterschiede. Das Zeitbewusstsein ist bei den Menschen sehr unterschiedlich ausgeprägt und entwickelt. Viele sind sich der Bedeutung von Zeit so gut wie überhaupt nicht bewusst. Andere – eher wenige – sind diesbezüglich hypersensibel. Die meisten haben ein sehr diffuses Verhältnis zur Zeit. Nur wenige haben jemals über die Zeit und ihre Eigenschaften systematisch nachgedacht. Leider hat uns die Natur auch kein Zeit*organ* mitgegeben; und daher ist das Zeit*gefühl* der meisten sehr unzuverlässig.

Wie viele Stunden hat ein Jahr?

Ich stelle in meinen Vorträgen und Seminaren in Zusammenhang mit dem Thema »Zeit« immer die Frage an die Teilnehmenden: Wer von Ihnen weiß: Wie viele Stunden hat ein Jahr? Weniger als ein Prozent gibt darauf rasch und spontan die richtige Antwort – ohne nachdenken und rechnen zu müssen, sondern weil man es weiß: Ein gewöhnliches Jahr hat 8760 Stunden. Ist das viel? Ist es wenig? – *Es kommt darauf an, wie man die Zeit nutzt.*

Wie viel Zeit habe ich?

Die meisten brauchen täglich etwa acht Stunden Schlaf. Es bleiben somit rund 5800 Stunden, die man wirklich zur Verfügung hat. Der Weg zur Wirksamkeit beginnt mit der Frage: Wie will ich meine 5800 wachen Stunden pro Jahr nutzen? Alle müssen ihre Antworten selbst geben – aber man muss sie geben. Sonst managt man nicht, sondern man wird gemanagt; sonst kann man nicht wirksam sein, sondern man lässt sich treiben und driftet durchs Leben.

Wirksamkeit heißt nicht, dass man 5800 Stunden pro Jahr arbeiten soll. Im Gegenteil: »Do less in order to achieve more« – weniger tun und dafür mehr erreichen, das ist eine beachtenswerte Devise.

Wie verwende ich meine Zeit?

Man muss bewusst und überlegt *entscheiden*, wie man seine wache Zeit nutzen will: Wie viel man davon dem *Beruf* widmen will oder muss; welchen Anteil man für die *Familie und Freunde* einsetzen will; wie viel man ganz für *sich selbst* reservieren soll und wie viel man für seine *Interessensgebiete* und seine *Regeneration* freihalten will. Wer diese Fragen nicht systematisch durchdenkt und keine harten Entscheidungen trifft, läuft Gefahr, von den Umständen getrieben und vielleicht sogar gehetzt und krank gemacht zu werden.

Das Instrument für die bestmögliche Nutzung der Zeit ist die Agenda, der Kalender. Man sollte sie lange im Voraus zu strukturieren beginnen. Zu viele Menschen warten damit zu lange ab. Es lohnt sich, die wichtigsten Eckwerte zwei oder drei Jahre im Voraus festzulegen.

Dies ist keine rigide Planung, sondern eine grobe Strukturierung des Kalenders. Man wird seine Absichten dann nicht immer so einhalten können, wie man es sich vorgestellt hat. Es wird immer Unvorhergesehenes und Dringliches geben und man wird auch immer wieder seine Prioritäten ändern müssen oder wollen. Das alles ist in Ordnung, oder besser, es gehört unvermeidlich zu den Realitäten des Lebens von Führungskräften. Aber es ändert nichts an der Notwendigkeit, seine Zeit mithilfe der Agenda zu strukturieren.

Beginne mit der langen Frist …

Wichtig ist dabei eine langfristige Perspektive, weil die meisten beruflich sehr beanspruchten Menschen kurzfristig ohnehin nur wenig ändern *können*. Für die Mehrheit der Führungskräfte stehen zahlreiche Termine für das jeweils kommende Jahr bereits lange im Voraus fest. Sie ergeben sich zwangsläufig aus schon bestehenden Verpflichtungen.

Wenn man also Grundsätzliches ändern will, hat man ohnehin meistens eine ziemlich lange Reaktionszeit. Wenn man aber nicht irgendwann *definitiv* zu ändern *beginnt*, wird sich *nie* etwas ändern. Wer seine Zeit nicht unter Kontrolle bringt und die wenige Zeit, die man hat, nicht wirksam nutzt, wird nie eine echte Führungskraft sein können. Beginnen muss man die Verbesserung der Zeitnutzung übrigens mit der Frage: *Was sollte ich in Zukunft nicht mehr tun?*

Und die erste Frage könnte durchaus sein: Wer sagt, dass ich täglich acht Stunden schlafen soll? Könnte ich auch mit sieben Stunden auskommen? Das wäre ein Nettozeitgewinn von 45 Tagen zu acht Stunden oder 12 Prozent!

REGELN FÜR PRODUKTIVE KOPF- UND FÜHRUNGSARBEIT

Führungskräfte arbeiten mit ihrem Kopf und ihrem Wissen, nicht mit ihren Muskeln. Sie sind die wichtigste Klasse der Kopfarbeiter – an der schwierigsten Schaltstelle: dort, wo Wissen zum Handeln werden muss.

Wissensarbeit und Zeitmanagement

Die meisten Führungskräfte, gleichgültig in welcher Art von Organisation sie arbeiten, haben Probleme mit ihrer Zeit. Unabhängig davon, wie lange und wie hart Führungskräfte arbeiten – ihre häufigste Klage ist, zu wenig Zeit zu haben. Noch mehr und noch härter zu arbeiten, ist keine Lösung für dieses Problem. Die Lösung liegt in der Anwendung des Prinzips der Konzentration – und für Wissensarbeit ist das der einzige Weg produktiv zu sein. Sich nicht zu verzetteln …!

Der Grund dafür ist ebenso einfach, wie er häufig übersehen wird: Die Zeit, von der Führungskräfte reden, ist nur scheinbar »ihre« Zeit. Die Verwendung ist weitgehend fremdbestimmt. 70 bis 80 Prozent der Zeit von Führungskräften gehört nicht ihnen, sondern anderen: Sie gehört ihren Kunden, ihrem eigenen Chef, dem Aufsichtsrat, ihren Mitarbeitenden und Kollegen, immer mehr auch den Medien. Es bleibt nur ein kleiner Anteil von vielleicht 20 bis 30 Prozent, über den sie selbst so verfügen können, wie sie es im Licht ihrer Aufgaben für richtig ansehen.

In 20 bis 30 Prozent der Zeit kann man aber nicht viel machen, selbst wenn man einen 18-Stunden-Tag haben sollte, was zwar möglich, aber doch grenzwertig ist. Daher muss man sich auf einige Schwerpunkte konzentrieren – und vieles andere, das genauso wichtig wäre, nicht tun. Das so zu machen, ist sehr schwierig. Es erfordert harte und riskante Entscheidungen. Mit der Antwort auf die Frage, *worauf* man sich konzentrieren soll, wird man auch immer wieder Fehler machen. Dennoch muss man sich durchringen, Schwerpunkte zu setzen, wenn man Ergebnisse erzielen will. Und damit sind auch Risiken verbunden.

Man hat nur die Wahl, vieles unerledigt zu lassen und dafür auf ein paar wenigen Gebieten ins Gewicht fallende Ergebnisse zu erzielen – oder nirgends etwas zu erreichen.

Das neue Produktivitätsproblem: Wie viel Zeit brauche ich *mindestens* …?

Ein weiteres Anwendungsbeispiel ist die Steigerung der Produktivität. Dafür muss man unterscheiden zwischen der Produktivität der Handarbeit und der Produktivität der Kopfarbeit. Die Produktivität der manuellen Arbeit, vor allem des Industriearbeiters, wurde seit dem Beginn des 20. Jahrhunderts durch die Methoden von Taylor in sensationeller Weise um etwa zwei bis drei Prozent pro Jahr gesteigert. Niemand hätte sich das zu Beginn der Befassung mit Produktivität auch nur vorstellen können. Der Schlüssel zu diesem Erfolg war sinngemäß die Frage: *Wie viel Zeit darf eine Arbeit maximal benötigen?* Das ist die Kernfrage aller Produktivitätssteigerungsmethoden in der Industrie. Die Betonung liegt auf »maximal«.

Die neue Herausforderung ist nun die Produktivität des Kopfarbeiters, jener Personen, deren Kapital nicht mehr ihre Kraft und Geschicklichkeit ist, sondern ihr Wissen. Sie sind die am schnellsten wachsende Gruppe und werden in den entwickelten Ländern schon bald die Mehrheit oder zumindest die größte Einzelgruppe sein.

Management gegenüber sind sie häufig skeptisch, aber gerade – und nur – damit werden sie ihre Produktivität um ein Vielfaches erhöhen können. Aber dafür wird man nicht mehr die bisherige Frage einsetzen können, sondern es wird eine radikal andere benötigt. Sie muss lauten: *Wie viel Zeit benötige ich mindestens, um diese Arbeit fertig zu stellen?* Die Betonung liegt hier auf »mindestens« – nicht das Maximum an Zeit, sondern das Minimum.

Große Zeiteinheiten *ungestörten* Arbeitens – Gegen die Zersplitterung

Der dritte Punkt erfolgreicher Wissensarbeit ist ungestörtes Arbeiten. Wir wissen noch nicht viel über die Produktivität geistiger Arbeit. Man hat gerade erst begonnen, ihre Relevanz zu sehen. Für den Industriearbeiter war das kein Problem, schon deshalb nicht, weil ja seine gesamte Arbeitsorganisation gar keine Störung erlaubte. Industriearbeiter, ob am Fließband oder in der selbststeuernden Gruppe, werden während der Arbeit nicht gestört. Und noch nie habe ich von einem Herzchirurgen gehört, dass man ihn hätte stören können und er eine Operation unterbrochen hätte, bevor sie fertig war. Für Führungskräfte sind Unterbrechungen aber eher die Regel als die Ausnahme.

Was heißt das? Fünf Stunden sind bekanntlich 300 Minuten. Aber: Einmal fünf Stunden konzentriert und ungestört an einer Sache gearbeitet, ist etwas anderes als einen Monat lang jeden Tag zehn Minuten. In beiden Fällen sind 300 Minuten aufgewendet worden. Der erste Weg führt fast immer zum Erfolg, der zweite führt zum Scheitern. Es ist zwar gleich viel Zeit vergangen, aber mit einem ganz unterschiedlichen Ergebnis. Geistige Arbeit braucht für ihre Wirksamkeit große Zeiteinheiten – Zeitblöcke – ungestörter Konzentration.

Diese drei jeweils ganz unterschiedlichen Anwendungsfälle sollen genügen, um die praktische Relevanz des Grundsatzes, sich auf Weniges zu konzentrieren, ausreichend zu illustrieren. Sie zeigen, wie verschieden die Anwendungsgebiete dieses Prinzips sind und wie wichtig es ist. Fokussierung ist einer der wichtigsten Schlüssel zu Ergebnissen und zu Erfolg. Es ist der wichtigste Grundsatz, um mit Überlastung und ständig steigenden Anforderungen fertig zu werden. Und es ist die einzige Möglichkeit, um auf Dauer jenes Element unter Kontrolle zu bringen, das bei den meisten Führungskräften zuoberst auf ihren Problemlisten steht: Stress und die verschiedenen Folgeerscheinungen wie Depressionen und Burnout.

Konzentration heißt nicht »ständig arbeiten« oder »nichts anderes als arbeiten«, wie das gelegentlich missverstanden wird. Konzentration heißt: Dann, wenn man arbeitet, ohne Ablenkung, ohne Störung, nur an einer Sache ... eben effektiv zu arbeiten.

Der Grundsatz der Konzentration kann verallgemeinert werden. Wo immer Ergebnisse zu sehen sind, wird man auch Konzentration feststellen – und besonders dann, wenn der Stoff der Arbeit Wissen ist. Der Grundsatz der Konzentration gilt für Personen; er gilt aber auch für Organisationen. Die Ursache des Scheiterns ist nicht das Fehlen von Anstrengung und Einsatz, sondern es ist die Zersplitterung der Kräfte. Wo die Kräfte in der Verwendung von Wissen bestehen, ist Fokussierung der Weg zum Erfolg.

TOTE PUNKTE ÜBERWINDEN, GRENZEN ÜBERSTEIGEN

»Mein Vorschlag ist, sich mit
dem Gedanken zu befassen,
dass Grenzen nie dort sind, wo
man sie für sich gelten lässt,
sondern dass diese viel weiter
entfernt liegen, als man es ahnt
und sich vorstellen kann.«

VOM UMGANG MIT GRENZEN

Ein Umbruch von einer Alten Welt zu einer Neuen Welt, mit den Dimensionen, wie ich sie in meinem Buch *Die richtige Corporate Governance* bereits 1997 als »Große Transformation21« beschrieben habe, verschiebt Grenzen fundamental. Ob und welche Grenzen unverändert bleiben und welche sich gänzlich auflösen, ist im Voraus schwer zu sagen. Aber man muss es versuchen. Deshalb ist Explorieren wichtiger als Analysieren, Testen wichtiger als Planen, Suchen wichtiger als Finden und sind Heuristiken wichtiger als Algorithmen.

Navigieren im Umbruch heißt, über bisherige Grenzen hinauszuschauen, neue Peilgrößen und Koordinaten zu erkunden. So war im frühen 18. Jahrhundert für die Schifffahrt nichts wichtiger als die Bestimmung des Längengrades. Weil man zwar die Breitengrade korrekt bestimmen konnte, nicht aber die Längengrade, gab es aus Mangel an Orientierung viele Schiffskatastrophen. Alle Gelehrten der Zeit, darunter auch Isaac Newton, versuchten sich an der Lösung der exakten Berechnung des Längengrads auf hoher See – zum einen wegen des geradezu astronomischen Preisgeldes, das die englische Königin ausgeschrieben hatte; zum anderen – und vor allem – wegen des Ruhms. Alle Geistesgrößen der damaligen Zeit scheiterten ... Es dauert 40 Jahre, bis John Harrison, ein einfacher schottischer Handwerker, ein gelernter Tischler und Uhrmacher aus Leidenschaft, das Problem gelöst hatte – und dafür auf das Erbittertste bekämpft wurde. Aber Harrison hatte den Navigatoren eine neue geografische Welt und damit neue Welten von Möglichkeiten eröffnet.

Transformative Umbrüche verändern Grenzen der Wahrnehmung. Sie verändern die Kategorien, in denen wir Grenzen wahrnehmen; Grenzen der Sprache, mit der wir Wahrnehmungen beschreiben; Grenzen des Denkens und des Handelns. Solche Umbrüche verschieben auch Grenzen der Leistungen, die gefordert sind, und der Leistungen, die möglich sind. Das gilt immer auch für die persönliche Leistungsfähigkeit und die eigene Arbeitsweise, die die Leistungsfähigkeit bestimmt.

Ich habe viele erfolgreiche Unternehmer und Führungskräfte kennengelernt, die im Laufe ihres Lebens mehrmals ihre Arbeitsmethodik und oft auch ihre Lebensweise änderten. Nicht immer nur deshalb, weil sie es mussten, sondern weil sie es wollten. Es war eine ihrer Methoden, Grenzen zu überschreiten und neue Ufer zu erkunden. Es war höchstpersönliche Leadership. Lead yourself ...!

Man stößt an Grenzen – und muss selbst entscheiden, ob man sie akzeptieren will oder nicht. Für lange Zeit im Leben sind die gefühlten und erfahrenen Grenzen erst die Limitationen unserer eigenen Lebens- und Arbeitsweise – und noch lange nicht die tatsächlichen Grenzen der Erkenntnis- und Leistungsfähigkeit.

AM LIMIT?

Eines der häufigsten Themen in Gesprächen mit Führungskräften sind die Grenzen, an die jede und jeder irgendwann einmal stößt. Grenzen sind für uns alle wichtig – sie lassen uns Dinge voneinander unterscheiden, das eine beenden, das andere beginnen, sie sind auch Selbstschutz. Aber Grenzen zeigen uns immer wieder, wie dehnbar unsere Limits sind. Die meisten Menschen wollen klare Grenzen – um zu wissen, wo sie stehen. Aber auch, um sie dann zu überwinden und neu zu definieren.

Eine der Grundfragen von Management und Selbstmanagement sollte deshalb immer sein, ob es sich um echte Grenzen handelt oder um vermeintliche, um Scheingrenzen. Grenzen dort zu akzeptieren, wo sie sich zeigen, ist oft eine Tragik im Leben der Menschen. Mein Vorschlag ist, sich mit dem Gedanken zu befassen, dass Grenzen nie dort sind, wo man sie für sich gelten lässt, sondern dass diese viel weiter entfernt liegen als man es ahnt und sich vorstellen kann.

Ich betone: Sich mit dem Gedanken zu befassen … Vielleicht legt man ihn beiseite, mit oder ohne Gründe, ohne dass sich in seinem Leben etwas ändert – und das ist dann so auch in Ordnung. Ob man seine Grenzen ausloten und gar überschreiten will, muss jede und jeder für sich selbst entscheiden. Es wird, außer in Not- und Zwangslagen, vermutlich nie eine Mehrheit sein, die das tut. Die Minderheit jedoch, die es tut, setzt die neuen Maßstäbe, zeigt die neuen Horizonte auf und beweist, dass auch das Überschreiten von Grenzen zum Wesen des Menschen gehört. Diese Menschen dazu zu ermutigen, herauszufordern und sie dabei zu unterstützen, halte ich für eine der schönsten Führungsaufgaben, und zwar nicht nur bei jungen Menschen.

Wie gesagt: Wir Menschen wollen klare Grenzen – um zu wissen, wo wir stehen. Aber auch, um sie zu überwinden, sie neu zu definieren. Die meisten Menschen scheinen permanent an die Grenzen ihrer Leistungsfähigkeit zu stoßen. Nicht nur Stress, sondern auch Angst und das Empfinden, am Limit zu sein, das Gefühl ständiger Überforderung, bestimmen den Alltag von vielen Mitarbeitenden ebenso wie den ihrer Chefinnen und Chefs. Dieser Druck scheint unabhängig davon empfunden zu werden, ob jemand letztlich erfolgreich ist oder nicht.

Die Erfahrung mit Grenzen – vermeintlichen und echten, fremdbestimmten und selbstgezogenen – berührt den Kern menschlicher Leistungsfähigkeit und Leistung. Sie bestimmt die Einstellung zur Wirtschaft als Ganzem und zur Organisation, für die man arbeitet. Mehr noch: Sie bestimmt, so meine ich, auch die Art und Weise unseres Lebens.

Dieses Thema ist eine der wichtigsten heutigen Führungsfragen und es ist ein Schlüssel für die Integration von Beruf und Privatleben. Letztlich bestimmen Erfahrung und Auseinandersetzung mit Grenzen Grundfragen der menschlichen Existenz. Es ist zwar möglich, Menschen zu überfordern, aber es ist schwieriger als die meisten glauben, eben weil Menschen viel mehr leisten können, als sie selbst und andere für möglich halten. Nach meiner Erfahrung kommt es im Gegensatz zu weit verbreiteten Meinungen sogar recht häufig vor, dass Menschen große Leistungen erbringen, die niemand – sie selbst eingeschlossen – für möglich gehalten oder ihnen zugetraut hätte. Das ist eine der eindrucksvollsten Manifestationen des Menschseins, und daher empfinde ich es als eine Pflicht und Verantwortung als Managementlehrer, darauf hinzuweisen. Im Negativen zu verharren, die Menschen klein zu halten, ist ein berufliches und persönliches Misserfolgsprogramm und letztlich unmenschlich.

Als Chef und Chefin, die besonders auf die Potenziale und Möglichkeiten aufmerksam zu machen pflegen, ist man vielleicht nicht immer und überall willkommen. Aber im Verhältnis dazu, was man bei jenen bewirken kann, die die Möglichkeiten aufgreifen, spielt das keine große Rolle. Es gehört zur Menschenführung dazu.

Die Erfahrung mit Grenzen – vermeintlichen und echten, fremdbestimmten und selbstgezogenen – berührt den Kern menschlicher Leistungsfähigkeit und des Menschseins.

WENN GRENZEN KEINE SIND

In den Medien liest man häufig über die Belastungen von Führungskräften. Besonders häufig wird das Phänomen Stress beschrieben. Warum werden die einfachen Dinge nicht genannt? Jene, die nachweislich funktionieren? Nach meinen Erfahrungen sind es die folgenden vier Elemente:

1. Professionalität in der Erfüllung der Aufgaben als Ergebnis einer guten Managementausbildung.
2. Eine solide persönliche Arbeitsmethodik.
3. Ein intaktes Privatleben mit einem erheblichen Anteil an persönlichem Weiterlernen.
4. Regelmäßiger Sport mit messbaren Fitness-Zielen.

Wirksame Führungskräfte reden nicht über sich selbst. Sie beklagen sich auch nicht, und sie gehen mit ihren Empfindungen nicht an die Öffentlichkeit. Sie konzentrieren sich auf ihre Aufgaben. Sie arbeiten stetig an der Perfektionierung ihrer persönlichen Arbeitsmethodik. Sie haben die Erfahrung gemacht, dass man ziemlich lange ständig besser werden kann, und dass das Freude bereitet. Sie wissen, dass es keine Grenzen gibt für Effektivität und Effizienz – außer die selbstgesetzten Grenzen im Kopf.

Statt aufgebauschter Empfindlichkeiten sind sie sensibel für ihre Zeit und für deren Verwendung. Sie orientieren sich am Inhalt, nicht an der Verpackung, sie sind ausgerichtet auf das Sein, nicht auf den Schein. Sie verschwenden also keine Zeit für »Showmanship«, sondern kultivieren »Craftsmanship«. Sie sind interessiert nicht an Ritualen, sondern an Resultaten, nicht an Input, sondern an Output. Und: Sie haben ihre Geschäfte unter Kontrolle, sie setzen Prioritäten und sie führen die Dinge zu Ende. Dann sind sie abends zwar oft müde, aber Burnout haben sie nicht.

Effektivität des Arbeitens, Zeitökonomie und Finalisierung der Aufgaben sind ihre Rezepte, damit sie nicht an allen, aber doch an genügend Wochenenden Zeit für sich selbst haben, für ihre Familie und Freunde und für die schönen Dinge im Leben.

Interviews über Stress geben sie aus zwei Gründen nicht: Weil sie ihn nicht haben und weil sie ihre Zeit nicht verschwenden wollen …

Tote Punkte überwinden

Wer mit seinen eigenen Grenzen und deren Überwindung noch nicht systematisch experimentiert hat, kann zwischen objektiven und subjektiven Leistungsgrenzen kaum unterscheiden. Jeder erfahrene Ausdauersportler kennt aber die berüchtigten »toten Punkte« und trainiert darauf hin, diese systematisch zu überwinden. Er weiß, dass er seiner Intuition gerade nicht nachgeben darf. Er weiß, dass man tote Punkte überwinden kann und muss. Er weiß auch, dass er nur durch die Überwindung der gefühlten Grenzen seinen Körper in jenen Zustand bringen kann, den manche als »Flow« bezeichnen. Das ist die Fähigkeit, beinahe anstrengungsfrei, scheinbar endlos, weitermachen zu können.

Bei längeren Skitouren kommt mir dafür häufig der Ausdruck »meditatives Gehen« in den Sinn. Kommt noch die Stille der Umgebung hinzu, weil der Schnee fast alle Geräusche abdämpft, so entsteht jenes Gefühl vollständiger Harmonie von Bewegen, Fühlen und Denken – das »Eins-Sein des Seins …«. Als »Hobby«-Alpinist habe ich dieses Gefühl besonders eindrucksvoll erlebt bei den großen Touren, die ich zusammen mit erfahrenen Bergführern und Freunden oft gemacht habe. Schweres Gepäck, enge Hütten, viel »wunderbar« schlechtes Wetter, wo die Bergführer ihre ganze Professionalität und ihr Verantwortungsbewusstsein einbrachten. Neben der Freude über die Erlebnisse stellt sich dann noch eine zusätzliche Freude ein, die Freude am Können selbst – die Freude an der eigenen Wirksamkeit.

Die »Trotzmacht des Geistes«

Man kann lernen, der inneren Kraft zur Wirkung zu verhelfen, die der Psychiater Viktor Frankl, der Schöpfer der Lehre vom Lebenssinn, so treffend die »Trotzmacht des Geistes« nannte. Frankl war Zeit seines Lebens begeisterter Bergsteiger und kletterte bis ins hohe Alter. Er beschrieb, dass es gerade seine Angst war, die ihn zum Klettern gebracht hat. Dazu meinte er in *Bergerlebnis und Sinnerfahrung*: »Muss man sich denn auch alles von sich selbst gefallen lassen? Kann man nicht stärker sein als die Angst?« Hat nicht schon Johann Nestroy, der österreichische Star des Alt-Wiener Volkstheaters, in seinem Theaterstück *Judith und Holofernes* die Frage gestellt: »Jetzt bin ich neugierig, wer stärker ist: ich oder ich?«.

Jeder Mensch hat mehr oder weniger von dieser Kraft in sich, aber viel zu wenige wissen es und nutzen sie daher nicht. Diese innere Kraft spielt bei der Überwindung von toten Punkten und Leistungsgrenzen oft die entscheidende Rolle. In den herkömmlichen Motivationslehren habe ich diese bisher nicht entdecken können, denn dort werden genau hier, anstelle der »Trotzmacht des Geistes«, Emotionen postuliert. Die Gefühle sagen: »Hör auf …!«. Weil wir aber aus Erfahrung wissen, *dass* und *wie* man tote Punkte überwinden kann, und weil Gefühle dafür keine zuverlässigen Wegweiser sind, sollte man über diese Signale hinaus auch auf seine »Trotzmacht« hören.

PIONIERLEISTUNG UND WAHRE SENSATION

Es gibt ganz generell, besonders jedoch im Management, kaum etwas Wichtigeres, als Menschen, vor allem jungen, früh vor Augen zu führen, dass man Grenzen überwinden kann und dass man genau das tun muss, um überhaupt eine Chance zu haben, sein Potenzial herauszufinden und es auch für sich zu erschließen. Was sonst sollen Entwicklung und Förderung von Menschen sein? Mit Ausnutzen oder gar Ausbeuten hat das nichts zu tun. Es ist die menschlichste aller menschlichen Expeditionen – jene zu sich selbst. *»Lerne zu sein, was du werden kannst«*, könnte als Maxime formuliert werden.

Als die beiden Spitzenbergsteiger Reinhold Messner und Peter Habeler im Frühjahr 1978 ohne Sauerstoff auf den Mount Everest gingen, war das einzigartig. Sie waren zwar nicht die Ersten über 8000 Metern ohne Sauerstoff. Hermann Buhl am Nanga Parbat und Walter Bonatti am K2 hatten es schon vorgemacht und überlebt, aber nicht als Folge eines Plans, sondern erzwungen von Witterungsbedingungen oder Fehlern der Expeditionsleitung. Messner und Habeler haben es mit Absicht und geplant gemacht. Mit dieser Pionierleistung sind sie in die Alpingeschichte eingegangen. Diese Leistung war die alpinistische Weltsensation schlechthin … War das die wirkliche Sensation? Für die Medien, ja. Für die Frage nach der Leistungskraft von Menschen, nein.

Die wahre Sensation …

Für die Führung von Menschen und das Management von Organisationen braucht es zwar die Pioniere, um den Beweis zu erbringen, dass etwas möglich ist, was vorher als unmöglich galt. Die wahre Sensation ist aber, dass andere das nachahmen. Schon im Herbst desselben Jahres war es drei weiteren Alpinisten gelungen, ohne Sauerstoff auf den Everest zu kommen, zwei Tage später stand die Zahl schon bei insgesamt zehn. Viele Bergsteiger leisteten seither dasselbe, herausgefordert durch den Nachweis, dass die scheinbare Grenze überschritten werden konnte. Heute ist es die Normalleistung der Spitzengruppe der Höhenbergsteiger. Mit Sauerstoff auf den Gipfel des Everest zu kommen, gilt unter ihnen nicht als erfolgreiche Besteigung.

Jede Sportart kennt solche Beispiele. Das Überschreiten von Grenzen ist in gewisser Weise das Wesen von Sport überhaupt. Aber nicht nur der Sport, sondern auch jede menschliche Tätigkeit ist reich an Beispielen erfolgreicher Grenzerweiterung, und vielleicht sind Exploration, Neudefinition und die Transzendierung von Grenzen Wesen und Sinn des Menschseins schlechthin.

Experimentieren mit seinen eigenen Grenzen

Wer mit seinen eigenen Grenzen und ihrer Überwindung noch nicht experimentiert hat, sollte dies wagen. Selbst wenn jemand letztlich keine besonders großen Fortschritte erzielen sollte (was unwahrscheinlich ist), würde er dabei mehr über sich selbst erfahren als in all den Jahren vorher. Dies sind jene spannenden Expeditionen, die jeder von uns machen kann, es sind jene außergewöhnlichen Entdeckungen, die jeder mit der Neudefinition seiner Grenzen machen wird.

Das Bergsteigen ist dafür ein ideales Erprobungsfeld. Denn hier kann man gerade so dosiert, wie man es haben will und ertragen kann, anfangs ganz ohne objektives Risiko, seine Grenzen erfahren und sie zu testen beginnen. Dazu braucht man noch gar nicht auf Berge zu steigen. Am besten erprobt man das in einer Kletterhalle oder in einem Klettergarten. Objektiv kann hier so gut wie nichts passieren. Dennoch kann man dann bereits sämtliche subjektiven Erlebnisse der Grenzerfahrung haben. Exponiertheit und Schwindelanfälligkeit schon wenige Meter über dem Boden, obwohl man perfekt gesichert ist, obwohl der Verstand das auch weiß, aber das Gefühl das Gegenteil signalisiert. Man erlebt die Angst vor dem Stürzen, äußerste Anstrengung, das Nachlassen der Kraft, das Erleben des Misslingens, die Niedergeschlagenheit, wenn man immer wieder an denselben Stellen aufgeben muss und es einfach nicht geht …

Aber ebenso erlebt man die positive Seite, wenn man die eine oder andere Grenze schließlich doch überwinden kann; man erlebt die Glücksgefühle, wenn man eine Stelle, an der man ständig scheiterte, letztlich doch schafft; den fast kindlichen Übermut, der sich deswegen einstellen kann.

Spüren des zuverlässigen Gelingens

Schon nach wenigen Wochen spürt man die Veränderungen in sich. Zuerst die objektiven Trainingseffekte, weil alles leichter geht und man seine Bewegungsabläufe nun beherrscht und noch mehr die subjektiven Empfindungen, insbesondere das Gefühl des zuverlässigen Gelingens. Das verstehe ich unter der wahren Sensation. Man weiß, dass man das zuvor schier Unmögliche nun verlässlich meistert und dass man Kontrolle über die Situation und über sich selbst hat. Man ist gewachsen. Der Horizont hat sich verschoben. Und meistens setzt man sich sofort noch höhere Ziele.

OBJEKTIVE ODER SUBJEKTIVE GRENZEN? EINE FRAGE DER ARBEITSMETHODIK

Was als ultimative Grenze der eigenen Leistungsfähigkeit im Management empfunden wird, ist fast immer zuerst eine Grenze der momentan angewandten Arbeitsmethodik. Nicht die Grenze des Möglichen ist erreicht, sondern die Grenze des Faktischen – nämlich der Art und Weise, wie man etwas tut, insbesondere wie man arbeitet.

Grenzen der Leistungsfähigkeit oder Grenzen der Arbeitsweise?

Ich habe keinen erfolgreichen Manager kennengelernt, der nicht mehrmals im Laufe seines Lebens seine Arbeitsmethodik zu ändern gehabt hätte, und zwar nicht im Sinne von kleinen Justierungen, *sondern von Grund auf.*

Für eine allgemeine Verbesserung der persönlichen Arbeitsmethodik gibt es zumindest zwei gravierende Hindernisse: Zum Ersten wird persönliche Arbeitsmethodik, so wie sie in Organisationen von jeder Person gebraucht wird, von den Bildungssystemen ignoriert. Kaum jemand lernt Arbeitsmethodik früh genug in der Schule, und so wird auch kaum jemandem die Chance gegeben, die Schule als Vergnügen zu erleben. Daher ist die Arbeitsmethodik der meisten Menschen eine Folge von zufällig erworbenen Gewohnheiten, die als Gegebenheiten hingenommen und kaum je hinterfragt werden. Die meisten Menschen interessieren sich dafür auch gar nicht – bis sie zum ersten Mal an Grenzen stoßen, die sie – mangels besseren Wissens – für ihre *endgültigen* und *objektiven* Grenzen zu halten neigen.

Würde Effektivität als solche ebenso wirksam vermittelt wie die Basisfähigkeiten des Lesens und Schreibens, so würden allein deshalb schon die meisten Organisationen weit besser und produktiver funktionieren und die Menschen hätten um ein Vielfaches weniger Stress.

Das zweite Hindernis ist die allgemein vorherrschende Meinung, dass es eine *universelle* Arbeitsmethodik gebe, die für alle Menschen gleich sein könne. Diesen Eindruck erwecken die meisten Trainer, die ich kennenlernen konnte, und der Großteil der Literatur zu diesem Thema. Meine Erfahrung hingegen zeigt, dass *keine zwei Menschen gleich arbeiten.* Arbeitsmethodik ist höchst individuell. Sie muss auf die persönlichen Eigenheiten passen – auf die Aufgabe, auf die Situation, in der man steht, auf die Umgebungsfaktoren, den Chef und die Chefin und die Mitarbeitenden, die man hat, und besonders auch auf die sich rasch ändernde Technologie.

Wenn sich auch nur einer dieser Einflussfaktoren ändert, muss in der Regel die Arbeitsweise angepasst werden. Dennoch gibt es universelle Prinzipien des effektiven Arbeitens, die für die individuell-persönlichen Unterschiede eine gemeinsame Basis bilden.

Wie radikal Grenzen durch die Veränderung der Arbeitsmethodik erweitert werden können, zeigen überzeugend die Beispiele von Menschen, die sich wegen eines Unfalls oder einer Krankheit mit einer gänzlich neuen Lebenssituation konfrontiert sehen und diese durch Anpassung ihrer Arbeitsweise erfolgreich bewältigen. Nicht nur können sie dadurch die plötzlichen gegebenen Einschränkungen ausgleichen, sondern es ist auch möglich, sogar unter solchen Umständen auf eine höhere Ebene von Wirksamkeit zu kommen.

FÜHREN LEISTEN LEBEN

Führen Leisten Leben gehört zu meinen wichtigsten Büchern. Sein Thema ist die Wirksamkeit von Menschen in den ständig komplexer werdenden Organisationen der globalen Gesellschaften. Es handelt auch von jener Effektivität, mit der Menschen immer wieder neu ihre vermeintlichen, gefühlten Grenzen übersteigen, für sich neue Horizonte eröffnen und ihre Potenziale voll erschließen und nutzen können. In *Führen Leisten Leben* zeige ich, dass man diese Effektivität erlernen kann und wie das geht.

Das Buch enthält meine Antworten darauf, welches Wissen und Können Menschen erfolgreich macht – in ihrem Beruf wie auch in ihrem Leben, als Führungskräfte ebenso wie als Fachleute, als Handarbeiter wie als Wissensarbeiter, sowohl in Wirtschaftsunternehmen als auch in Krankenhäusern, in Schulen und Universitäten, in Ministerien und Behörden, in Städten, Kirchen und vielen anderen Organisationen einer entwickelten Gesellschaft. Man erfährt, was man auf jeder organisatorischen Ebene und in jeder Position braucht, um sich selbst und andere so zu führen, dass die richtige Leistung entsteht, und dass gerade dadurch auch ein sinnerfülltes Leben möglich ist. Der so oft beklagte Widerspruch zwischen Arbeit und Leben löst sich dann fast von allein auf. Die Work-Life-Balance ist damit wieder nachhaltig hergestellt.

Wirksamkeit heißt, sowohl effektiv als auch effizient zu sein. Wirksamkeit heißt, die *richtigen* Dinge *richtig* zu tun – im Denken ebenso wie im Handeln. Das ist die Kernkompetenz für *richtiges* und *gutes* Management, wie ich es verstehe: als den Beruf, Ressourcen in Resultate zu transformieren, und dadurch Nutzen zu stiften und Werte zu schaffen.

Noch wichtiger als die herkömmlichen ökonomischen Produktionsfaktoren Kapital, Land und Arbeit sind heute Ressourcen wie Wissen, Talente, individuelle Stärken, Kreativität, Innovation und Intelligenz sowie künstliche Intelligenz. Weitere Ressourcen sind außerdem emotionale Energie und persönliches Engagement sowie soziale Verantwortung und der Mut, *neu* zu denken und *neu* zu handeln. Für sich genommen sind dies unverzichtbar wichtige Potenziale. Erst die Effektivität des Umsetzens, also richtiges und gutes Management, verwandelt solche Potenziale in zweckdienliche und sinnstiftende Ergebnisse. Gerade die heute mit Recht geforderte »Leadership« benötigt wirksames Umsetzen, weil auch die besten Leader sonst wirkungslos bleiben.

PERSÖNLICHE EFFEKTIVITÄT

Die persönliche Leistungsfähigkeit von Führungskräften ist in Zeiten des Umbruchs noch mehr gefordert als ohnehin schon. Vielen macht das schwer zu schaffen, während andere damit erstaunlich leicht fertig werden. Wo liegen die Unterschiede? So gut wie immer sind es zwei Punkte:

1. Fragen der eigenen Effektivität
2. Fragen der inneren Haltung

Ich wähle dazu die wichtigsten Themen aus, mit denen ich von Führungskräften regelmäßig konfrontiert werde.

Der Schlüssel zu erfolgreichem Management, ja für ein erfolgreiches Leben schlechthin und für das Navigieren durch den Umbruch der Großen Transformation21, ist die persönliche Effektivität eines jeden. Das Richtige tun und dieses richtig tun, das ist die Definition von Effektivität. Effektivität ist die Essenz des Berufes der Führungskraft. Sie ist vielleicht nicht der Grund für den Erfolg, aber sie ist dessen Fundament. Die Aufgabe für Management heißt: Ressourcen in Resultate umwandeln. Zu diesen Ressourcen gehören auch die eigenen Talente und Stärken, das Wissen und die Erfahrungen. Management heißt, dafür zu sorgen, dass alles funktioniert und das beginnt bei einem selbst.

In Zeiten des Umbruches muss man selbst noch effektiver sein, weil wir Neuland betreten und das Unbekannte managen müssen; weil die alten Erfolgsrezepte immer weniger funktionieren; weil viele der bisherigen Erfahrungen nicht mehr brauchbar sind. Effektiver sein heißt aber nicht, mehr arbeiten, sondern klüger arbeiten. Es heißt nicht, mehr vom selben, sondern neu und anders. Wenn man an sich arbeitet, kann man sich auch ein Leben lang verbessern. Meine Erfahrung ist, dass man – unabhängig vom schon erreichten Alter – pro Jahr um fünf bis zehn Prozent wirksamer werden kann, wenn man darauf achtet und konsequent an sich arbeitet. Wer 40 ist, hat also fast die Gewissheit auf eine Verdoppelung seiner Effektivität. Was jemand mit diesem wachsenden Potenzial tut, darf er oder sie selbst entscheiden.

Mein Vorschlag ist, Effektivitätssteigerung nicht als ein Müssen, sondern als ein Dürfen und Wollen zu verstehen – als ein Ziel des dem Menschen angeborenen, aber oft vernachlässigten und unterentwickelten Neugierverhaltens. So schafft man sich neue Navigationspunkte. Mit einem Müssen vor Augen würde man in den alten Kategorien stecken bleiben und im Grunde einen Kampf gegen sich selber führen, der kaum zu gewinnen ist.

Wohin immer der Umbruch sich letztlich wendet, man hat eine Leistungsreserve. Navigieren im Umbruch heißt auch, neue Marken für eine neue Leistungsfähigkeit zu suchen. Kritisch für die eigene Wirksamkeit sind – wie schon gesagt – immer mindestens drei Punkte und zwar kumulativ:

1. Das eigene Zeitmanagement,
2. die konsequente Nutzung der eigenen Stärken und
3. die strikte Konzentration auf einige wenige Prioritäten.

Etwa alle sechs Monate sollte man für die »Diagnose« der eigenen Arbeitsmethodik eine Woche lang ein Tagebuch führen, um zu sehen, womit man sich beschäftigt, wofür man seine Zeit verwendet und was dabei herauskommt. Man wird schnell erkennen, was man verbessern kann. Man wird auch regelmäßig Überraschungen und Ärger darüber erleben, wie viel Zeit man mit unwichtigen Dingen verliert.

Besonders hilfreich ist dabei das einfache Prinzip »Stop doing the wrong things!«. Das erleichtert den Fortschritt ungemein, denn es wird nicht das Verhalten der Alten Welt verlangt, immer noch mehr zu tun, sondern es ist ein Prinzip der Neuen Welt: mit unnützen und überholten Dingen einfach aufzuhören – und damit Platz zu schaffen für das Neue.

DIE FREUDE AM FUNKTIONIEREN

»Organisiere ein System so,
dass es sich selbst
organisieren kann.«

FREUDE AM FUNKTIONIEREN

Mit dem Wort »funktionieren« haben viele ihre Mühe. »Ich will doch nicht nur funktionieren ...!«, ist eine der häufigen Abwehrhaltungen.

Für viele, die sich mit persönlicher Arbeitsmethodik noch nicht genügend befasst haben, ist dieses Thema häufig trocken und oft auch langweilig. Arbeitsmethodik hat bisher noch keine »akademischen Weihen« erhalten, und für viele Lehrkräfte liegt das Thema unterhalb ihrer professoralen Würdeschwelle. Eine der Ausnahmen war Peter F. Drucker, der Begründer des modernen Managements. Er sah das genau gegenteilig und er hat sich früh mit der persönlichen Effektivität von Führungskräften befasst. Sein Buch *The Effective Executive* (1966) ist bis heute eine der besten Anleitungen für wirksames Arbeiten von Führungskräften, ganz besonders auch für die heute immer zahlreicheren Wissens- bzw. Kopfarbeiter ... Man bedenke, Erstausgabe 1966! Drucker war seiner Zeit weit voraus.

Der Buchtitel der deutschen Ausgabe war lange Jahre *Die ideale Führungskraft.* Das ist genau das Gegenteil von dem, was Drucker in seinem Buch beschrieben und empfohlen hat. In meinen Seminaren für Führungskräfte finden die Teilnehmenden dieses Thema alles andere als langweilig, sobald wir auf die Möglichkeiten der persönlichen Effektivitätssteigerung und auf praktische Beispiele dafür zu sprechen kommen: Wie macht man das? Wie machen andere das? Von wem kann ich das lernen?

Die Wirkung einer methodischen Arbeitsweise reicht in viele, im Grunde in alle Lebensbereiche. Viele der häufig zitierten so genannten Work-Life-Balance-Probleme kann man durch eine gute

Arbeitsmethodik lösen. Die Schwierigkeiten so vieler Führungskräfte beginnen im Denken, nämlich dann, wenn Leben und Arbeiten fälschlicherweise als Gegenpole verstanden werden. Sinngemäß: *Work ist schlecht – Life ist gut.* Das löst sich aber auf, sobald man sich ein arbeitsmethodisches Grundverständnis aneignet und drei Anwendungsbereiche zusammenführt: Führen, Leisten, Leben ..., wie ich es in meinem gleichnamigen Buch vorschlage.

Mit Disziplin, flexibler Selbstorganisation, durchdachtem Selbstmanagement und guter Arbeitsmethodik wird vieles nicht nur machbar, sondern es hat auch das Potenzial, eine Quelle von persönlicher Selbstsicherheit, von Erfüllung, ja von Stolz auf die eigene Kompetenz und das persönliche Funktionieren zu werden.

Die meisten der Folgeerscheinungen, die der heutigen Arbeitswelt und dem beruflichen Leistungsdruck zugeschrieben werden, können durch eine gute persönliche Arbeitsmethodik vermieden werden, die ein effizientes und effektives Funktionieren ermöglicht. Stress, Hetze und Hektik, körperliche und psychische Probleme, von Rückenschmerzen über Burnout bis zur Depression und die damit häufig verbundenen familiären Belastungen und Krisen sind für immer mehr Menschen eine traurige Realität. Eine Realität, die man ändern kann. Auffallend ist, dass aus dem möglichen Lösungsspektrum, zu dem für viele auch Medikamente gehören, *ein* Thema konsequent ausgeklammert bleibt: die persönliche Arbeitsmethodik.

THESEN FÜR RICHTIGES UND GUTES MANAGEMENT

Das heute erforderliche Management kann in seinem Kern in relativ wenigen Thesen beschrieben werden. Es sind weniger als zehn Leitsätze. Beherrscht man diese und wendet man sie täglich an, ist bereits sehr viel gewonnen.

1. Management ist die wichtigste Funktion in der Gesellschaft. Es liegt am Management, ob eine Gesellschaft funktioniert oder nicht. Erst durch Management werden Ressourcen in Resultate transformiert.
2. Management ist weitgehend lernbar. Es ist ein Beruf und ein Handwerk. Es folgt denselben Regeln der Professionalität, wie sie in anderen Berufen bekannt und bewährt sind. Begabungen sind nützlich, aber nicht entscheidend.
3. Man muss nur eine Art von Management erlernen, nämlich richtiges und gutes. Richtiges und gutes Management ist universell, invariant und unabhängig von Kultur. Es gilt für alle Arten von Organisationen und alle Länder. Man braucht weder internationales, multikulturelles noch globales Management. Alle wirksamen Institutionen funktionieren auf dieselbe Weise. Sie verwenden dieselben Funktionsprinzipien.
4. Scheinbare Unterschiede hängen nicht mit Management zusammen, sondern mit der Natur der unterschiedlichen Sachaufgaben, die in unterschiedlichen Organisationen zu erfüllen sind.

5. Nicht jeder kann jede Organisation führen. Das liegt nicht an den Managementkenntnissen, sondern an der Unterschiedlichkeit der Sachaufgaben.
6. Alle Manager in allen Organisationen brauchen – durchgängig über alle Ebenen – dieselben Managementkenntnisse. Nicht alle hingegen brauchen diese Kenntnisse im selben Vollständigkeits- und Detaillierungsgrad. Wird das nicht beachtet, entstehen Orientierungs- und Richtungslosigkeit. Das wiederum bedeutet das Ende von Kommunikation und Funktion.
7. Die dominierenden Managementvorstellungen der vergangenen rund 15 Jahre halte ich für weitgehend falsch, irreführend und gefährlich. Das gilt insbesondere für alles, was mit der Shareholder-Value-Doktrin und deren Folgen zusammenhängt – wie Wertsteigerungsstrategien und vorwiegend finanzwirtschaftliche Denkweisen. Für falsch halte ich ebenso den Stakeholder-Ansatz.
8. Die gegenwärtigen wirtschaftlichen Schwierigkeiten, deren massive Verschärfung meines Erachtens programmiert ist, sind nur zu einem geringen Teil politischen Fehlern zuzuschreiben. Sie sind die Folge von fehlgeleitetem Management, von falschem und schlechtem Management. Umso wichtiger ist die Frage nach richtigem und gutem Management.

PETER F. DRUCKER

In der Reihe von Managementdenkern des 20. Jahrhunderts steht Peter F. Drucker an der Spitze. Seine Beiträge reichen noch weit in das 21. Jahrhundert und vermutlich darüber hinaus – so wie auch die Ergebnisse von Isaac Newton noch heute gültig sind und die Basis für die weiteren Erfolge und Entdeckungen der Physik waren.

Peter Drucker hat Management nicht erfunden, wie es so oft von anderen behauptet wurde. Er selbst hat diesen Gedanken immer wieder amüsiert und manchmal auch gelangweilt zurückgewiesen. Er meinte, wenn überhaupt jemand Management erfunden habe, dann seien es vielleicht eher die CEOs der Firma »Cheops GmbH« im pharaonischen Ägypten gewesen, die auf den Baustellen der Pyramiden etwa 30 000 Arbeiter hatten, die geometrische Pionierarbeit leisteten.

Peter Druckers einzigartige Leistung ist es aber, dass er als Erster die volle Bedeutung erkannte, die ein funktionierendes Management für das Gedeihen und den Erfolg einer leistungsfähigen Gesellschaft hat, für ihre Menschen und vor allem für ihre Organisationen. Und eine Leistung war es auch, dass er seine Erkenntnisse verständlich formulierte und diese damit weitgehend lernbar und anwendbar machte.

Peter Drucker hat auf mehreren Ebenen gleichzeitig gedacht. Einerseits erkannte er die großen Linien der gesellschaftlichen, politischen und wirtschaftlichen Entwicklungen, er erkannte diese oft lange im Voraus und er machte bemerkenswert zuverlässige und langfristige Prognosen, was anderen nur selten gelang. Als Beispiel und Ausnahme kann vielleicht Nikolaj Kondratieff und seine langfristigen Konjunkturzyklen erwähnt werden.

Andererseits war Peter Drucker ein scharfer Beobachter von scheinbar nebensächlichen und oft banalen Dingen, die aber für die Wirksamkeit von Menschen, in ihren Berufen und für ihren praktischen Erfolg, absolut entscheidend sind. Damit hat er die Grundlagen für Management als Beruf geschaffen, als den Beruf der Wirksamkeit, wie ich ihn nenne. So befasste er sich zum Beispiel mit den Aufgaben und Werkzeugen der praktischen Tagesarbeit von Führungskräften, mit ihrem persönlichen Zeitmanagement und der Arbeitsmethodik wirksamer Menschen, mit der nötigen Vorbereitung auf den nächsten Arbeitstag und mit der kommunikativen Wirksamkeit von schriftlichen Unterlagen.

DIE WICHTIGSTE GESELLSCHAFTLICHE FUNKTION

»Es gibt keine unterentwickelten Länder.
Es gibt nur schlecht gemanagte Länder.«
Peter F. Drucker

Management ist das wichtigste Organ einer funktionierenden Gesellschaft. Management ist die Schlüsselfunktion in jeder Gesellschaft, jedem Gemeinwesen, jeder Organisation. Kein soziales System kann ohne Management entstehen und bestehen.

Management ist der wichtigste Wettbewerbsfaktor. Managementwissen ist die wichtigste Ressource, um einen Wettbewerbsvorsprung zu erlangen. Das gilt für Unternehmen ebenso wie für die einzelnen Menschen. Management macht Menschen und Organisationen wirksam. Erst durch Management wird aus Klugheit, Intelligenz, Talent und Wissen das, was wirklich zählt: Ergebnisse.

Alles, was in der modernen Gesellschaft wichtig ist und wichtig sein muss, hängt in der einen oder anderen Art von der Qualität der Ausübung des Managerberufes ab. Wohlstand, Produktivität, Innovationskraft, die Nutzung der gesellschaftlichen Ressourcen, Gesundheitszustand und Bildungsniveau sind unmittelbar abhängig von Management und Managern, wie immer ihre Bezeichnungen und Titel sein mögen.

Management ist der wichtigste Konkurrenzfaktor. Fast alle Wettbewerbsfaktoren der ökonomischen Standorttheorien sind bedeutungslos geworden. Verfügbarkeit von Rohstoffen, Anbindung an

Verkehrswege, Bevölkerungszahl und die meisten wirtschaftspolitischen Faktoren haben eine untergeordnete Bedeutung. Es ist müßig, von guten oder schlechten Wirtschaftsbranchen zu sprechen. Es gibt nur gut und schlecht geführte Unternehmen. Wenn innerhalb eines Landes und einer Branche die Bedingungen für alle Unternehmen mehr oder weniger gleich sind, einige Unternehmen florieren, viele hingegen in Schwierigkeiten stecken, dann kann es nicht an der Branche und nicht an der Politik liegen, sondern nur am Management dieser Unternehmen.

Management ist auch die wichtigste Funktion für die Globalisierung. Globalisierung muss mehr sein als Amerikanisierung und sie muss mehr sein als ein rechtsfreier Raum, in dem das Gesetz des Stärksten gilt. Globalisierung, wenn sie funktionieren und mehr Nutzen als Schaden bewirken soll, benötigt gemanagte Institutionen.

LEADERSHIP-REGELN

Leadership fasziniert. Deshalb ist es wichtig, vorübergehende Moden von echter Substanz zu unterscheiden. Für die meisten steht bei Leadership die Persönlichkeit von Menschen im Vordergrund. Dort wird die Quelle von Leadership vermutet, und von dort geht die personale Faszination aus. Eben das lenkt aber vom Wichtigen ab: Hinzuschauen, was *echte* Leader wirklich *tun* und *wie* sie es tun. Deshalb unterscheide ich zwischen »*echten* Führern« und »*Ver*-führern«. Nach den Führer-Katastrophen des 20. Jahrhunderts sollte man keine geschichtsblinden Vorstellungen von Leadership akzeptieren. Nicht umsonst wird im Deutschen so häufig der englische Ausdruck »Leader« verwendet und mit guten Gründen nicht das deutsche Wort »Führer«.

Historisch anerkannt erfolgreiche Leader in Politik und Wirtschaft waren als Persönlichkeiten sehr verschieden. Gemeinsam war ihnen unter anderem, dass sie wirksam waren. Denn selbst die besten Eigenschaften sind bedeutungslos, wenn man mit ihnen keine realen Leistungsergebnisse erzielt. Rhetorik und Show reichen auf die Dauer nicht aus. Um Leadership wirksam zu machen, ist effektives Management nötig. Auch Leader kommen ohne Management nicht aus. Im Laufe meiner Zusammenarbeit mit Führungskräften konnte ich einige dieser Regeln – Leadership-Regeln – identifizieren:

1. ECHTE LEADER SIND AUF DIE AUFGABE KONZENTRIERT, NICHT AUF DIE EIGENEN BEDÜRFNISSE
   Echte Leader fragen nicht: Was will *ich,* was passt *mir?* Sondern: Was muss in dieser Situation zum Besten für alle getan

werden? Sie orientieren sich nicht an der Belohnung. Sie sehen die Pflicht, eine Situation zu meistern, in die sie, oft zufällig, geraten sind – eine Gefahr abzuwenden oder eine Chance zu nutzen. An die üblichen Motivationen denken sie dabei nicht. Ihre Motivation und Kraft kommen aus der Aufgabe, die sich ihnen stellt. Sie akzeptieren ihre eigene Bedeutungslosigkeit relativ zur Aufgabe. Sie stellen sich in den Dienst der Sache. Das bringt ihnen Vertrauen, Achtung und Zustimmung ein. Die innere Haltung, dass die Aufgabe wichtiger ist als die eigene Person, ermöglicht es echten Leadern, im entscheidenden Augenblick Mut und Zivilcourage aufzubringen, dann nämlich, wenn sie zwischen der Bedeutung der Aufgabe einerseits und ihrer eigenen Karriere andererseits entscheiden müssen. Im Ernstfall verzichtet ein Leader um der Sache Willen auf seine Karriere. Das ist für andere das überzeugendste Signal dafür, dass der Leader wirklich meint, was er sagt.

2. ECHTE LEADER SIND AUF ECHTE RESULTATE HIN ORIENTIERT

Worte genügen ihnen nicht, obwohl Leader diese oft virtuos einsetzen können. Wo sich Resultate nicht einstellen, flüchten sie nicht in fadenscheinige Ausreden, denn sie wissen, dass sie dadurch bald ihre Glaubwürdigkeit verlieren würden. Hier kann man gut jenen Punkt erkennen, an dem das Scheitern historischer Personen begonnen hat. Ihre Führerschaft hat erste Risse bekommen, wenn sie ihre Misserfolge mit Alibis und Ausreden kaschierten oder mit Sündenböcken und Verschwörungstheorien zu operieren begannen.

3. ECHTE LEADER ZWINGEN SICH ZUZUHÖREN

Die Betonung liegt auf »sich zwingen«, denn kaum einem fällt das leicht. Viele sind ungeduldig, weil sie davon überzeugt sind, im Kern richtig zu handeln. Sie wissen aber auch, wie wichtig gerade deshalb jene Informationen sind, die sie nur von anderen bekommen können, insbesondere von der Basis ihrer Organisation. Sie bringen immer wieder neu den Willen, die Zeit und die Selbstdisziplin auf zuzuhören – weil sie auch wissen, dass sie ansonsten das Vertrauen ihrer Organisation verlieren würden. Oft hören sie nur kurz zu, denn meistens haben sie wenig Zeit. Aber in dieser kurzen Zeit hören sie für den anderen erkennbar aufmerksam zu.

4. ECHTE LEADER MACHEN SICH SELBST VERSTÄNDLICH
Sie wissen, dass das, was *ihnen* selbst klar ist – *ihre* Sicht, *ihre eigene* Vorstellungswelt – anderen *überhaupt nicht klar* sein muss und oft auch gar nicht klar sein kann. Daher arbeiten sie ständig daran, sich den anderen verständlich zu machen. Sie wiederholen unermüdlich ihre wichtigen Botschaften, immer wieder aufs Neue, mit Geduld und Beharrlichkeit. Um sich verständlich zu machen, verwenden sie eine klare Sprache. Oft greifen sie zum besten Mittel der Kommunikation: Sie machen die Dinge vor. Sie führen durch Beispiel.

5. WIR STATT ICH
Bei allen Erfolgen, die sie selbst haben, und bei aller Überzeugtheit, vieles besser machen zu können als andere, schmücken sich echte Leader nicht mit fremden Federn. Sie denken »wir« statt »ich«. Sie wissen, was ihre Mitarbeitenden und die Organisation leisten, und sie anerkennen das. Der Erfolg in der Sache ist ihnen wichtig, nicht ihr Erfolg als Person.

6. KEINE ANGST VOR STARKEN LEUTEN
Das gilt in alle Richtungen, gegenüber Unterstellten, gegenüber Vorgesetzten und gegenüber Kolleginnen und Kollegen. Sie wissen, dass nur die besten Kräfte genügen, um die großen Herausforderungen der Organisation zu erfüllen. Sie tun daher

alles, um beste Kräfte anzuziehen, sie zu fördern und sie an den richtigen Stellen zum Einsatz zu bringen. Sie werden möglicherweise hart, vielleicht auch brutal gegen Versuche vorgehen, ihre Autorität infrage zu stellen. Aber sie eliminieren starke Leute nicht aus Angst um ihre eigene Stellung. Das Versammeln von Schwächlingen, Günstlingen und Ja-Sagern ist ein sicheres Anzeichen für schwache Führung, das sich meistens schon früh zeigt. Echte Leader mögen keine Ja-Sager, die ihnen nach dem Mund reden.

7. LEADER KÖNNEN, ABER SIE MÜSSEN KEINE BEGEISTERNDEN MENSCHEN SEIN

In Diskussionen über Management wird häufig ein Unterschied zwischen Management und Leadership gemacht. Im Extremfall wird unter Management alles zusammengefasst, was bürokratisch und schlecht ist. Und mit Leadership meint man das Gute, das, was Menschen begeistert und beflügelt. Diese Erscheinungsform von Leadership ist zweifelslos wichtig, aber es gibt Situationen, in denen das großen Schaden anrichten würde. Wenn es darum geht, Personal entlassen zu müssen, kann das eine Entscheidung sein, die Leadership bezeugt. Das aber den verbleibenden Mitarbeitenden mit Begeisterung mitzuteilen, würde von diesen kaum verstanden werden.

8. LEADERSHIP GESCHIEHT AUS DER SITUATION HERAUS

Führerschaft ist nichts Absolutes, sondern abhängig von der Situation und nur aus einer solchen heraus verständlich und erklärbar. Menschen, die als Leader angesehen werden, stellen sich der Herausforderung einer Situation, in der sie sich oft zufällig befinden. Aber sie übernehmen die Verantwortung, sie suchen Lösungen und sie handeln. Führerschaft liegt nicht in der Person allein, in dieser möglicherweise sogar nur zum geringeren Teil. Die Situation und das spezifische Handeln in dieser

Situation sind es, die zusammen Leadership ausmachen. Ohne die Situation wäre das mit Leadership bezeichnete Handeln weder nötig noch möglich, noch würde es Sinn haben. Es ist die Situation – eine Krise oder eine Chance –, die Showmanship von Leadership trennt.

9. MANAGEMENT IST NICHT LEADERSHIP

Seit einiger Zeit verursacht eine scharfe Trennung zwischen Management einerseits und Leadership andererseits eine neue Konfusionswelle, die ein Hinzulernen über beides fast verhindert: Unter der Bezeichnung »Management« wird alles zusammengefasst, was man als schlecht hinstellen kann und das nur die »niedrigen« Dinge betrifft – etwa das laufende Tagesgeschäft, die Befassung mit operativen Dingen, Planung, Kontrolle und Budgetierung. Manager werden häufig als eng denkende Bürokraten angesehen. Umgekehrt wird unter dem Begriff »Leadership« alles verstanden, was als gut und schön angesehen wird, was weitsichtig ist, die Zukunft betrifft, innovativ und visionär ist und jene Dinge umfasst, die man als wünschenswert ansieht. Es steht zwar jedem frei, die Dinge so zu sehen, aber das bringt keinerlei Erkenntniszuwachs, sondern eher Konfusion.

Das Wort »Management« ist in der deutschen Sprache synonym zu verwenden mit »Führung«, nicht jedoch mit »Leadership«. Will man das wirklich Wesentliche an Leadership erkennen, ist es lehrreicher, von einem möglichst positiv verstandenen Bild von Management auszugehen und dann zu fragen: Worauf kommt es – darüber hinaus – noch an? Das könnte dann wirklich gute und echte Leadership sein: Etwas, das selbst noch über das beste Management hinausgeht. Umgekehrt wird aber ohne professionelles Management Leadership nicht wirksam werden können.

KEINE ROLLEN SPIELEN

Gute Führungskräfte verzichten darauf, ihren Mitarbeitern etwas vorzumachen. Sie versuchen nicht, eine »Rolle« zu spielen, die sie meistens auf Dauer ohnehin nicht durchhalten könnten. Sie achten daher auch nicht sonderlich auf einen bestimmten Führungsstil. Sie sind echt – sie sind authentisch – mit all ihren »Ecken« und »Kanten«. Sie stehen nicht nur zu ihren Fehlern, sondern auch zu ihrer Persönlichkeit. Das heißt nicht, dass man diese nicht weiter entwickeln kann, und gute Führungskräfte arbeiten dementsprechend auch an sich selbst und ihrer Entwicklung.

Ich halte daher auch wenig von jenen Büchern, in denen die »Rollen« von Führungskräften im Vordergrund stehen. Es ist mir zwar bewusst, dass es in der *Soziologie* den Fachbegriff der Rolle gibt, und ich akzeptiere, dass er dort nützlich ist; aber ich halte diesen Ausdruck im *Management* nicht für zweckmäßig. »Rollen« werden im Theater oder in Filmen gespielt – von Schauspielern, und genau dieses Verständnis des Rollenbegriffs haben wir auch im Alltag, weil die meisten von uns eben keine Soziologen sind.

Von Schauspielern gespielte Rollen sind das Paradebeispiel für etwas im Grunde »Unechtes«; für etwas, was eben »nur gespielt«, aber »nicht wirklich« ist. Selbst kleine Kinder haben für diesen Unterschied schon ein feines Gespür. Auch wenn sie gebannt und fasziniert einem Spielfilm folgen, so ist ihnen doch danach klar, dass es eben *nur* ein Film, etwas Gespieltes, war. Auch wenn die Tränchen fließen, so sagen sie doch: »Aber Papi, nicht wahr, das ist nur ein Film!?«

Meine Kollegen aus der Soziologie sagen mir gelegentlich: »Aber du spielst doch zu Hause auch die Rolle des Vaters!« Meine Antwort darauf ist: »Nein, das tue ich nicht! Ich erfülle die Aufgaben eines Vaters – so gut es nur geht. Und das ist etwas Ernsthafteres, als eine Rolle zu spielen.« Führungskräfte müssen Aufgaben erfüllen, nicht Rollen spielen.

Was ich eben zur »Rolle« sagte, steht in engem Zusammenhang mit dem Thema Führungsstil. Auch was ich in dieser Überschrift sage, steht in Widerspruch zur herrschenden Meinung. Für die meisten Manager, und vor allem für die vielen Seminartrainer, steht völlig außer Zweifel, dass erstens Führungsstil *sehr* wichtig ist und dass zweitens nur ein *bestimmter* Stil, nämlich kooperatives Verhalten, zulässig sein darf. Nachdem auch ich selbst ein Jahrzehnt lang Führungsstil für etwas Wichtiges gehalten habe, meine ich, dass er in Wahrheit nicht wichtig ist – jedenfalls lange nicht so wichtig, wie es die vielen Bücher und Untersuchungen zu diesem Thema behaupten. Dies aus den folgenden Gründen:

Erstens, es gibt keinen Zusammenhang zwischen Führungsstil und Ergebnissen, außer in *künstlichen* Spiel- oder Experimentalsituationen. Wenn wir zwischen einem autoritären und einem kooperativen Führungsstil einerseits unterscheiden und zwischen guten und schlechten Resultaten andererseits, so kann man Folgendes beobachten:

1. Es gibt kooperative Führungskräfte, die auch hervorragende Resultate erzielen. Man kann jeder Organisation nur wünschen, möglichst viele solche Personen als Führungskräfte zu haben.
2. Aber es gibt eben auch Leute, die zwar sehr kooperativ sind, aber keine oder nur schwache Ergebnisse erzielen. Das können zwar nette, angenehme und liebenswürdige Menschen sein, aber sie bleiben ohne Wirkung.

TEAMS, TEAMPLAYER UND EINZELKÄMPFER ...

... oder vielleicht Solisten?

Nach gängiger Auffassung fast eine Selbstverständlichkeit, in Tausenden von Seminaren täglich gelehrt und trainiert und in vielen Medien empfohlen, muss heute fast alles im Team und von Teamplayern gemacht werden. Wenn es nicht so gemacht wird, entstehen Kritik, Skepsis und Widerstand. Denn als Gegenteil von Teamplayern versteht man Einzelkämpfer. Warum eigentlich Einzel-*Kämpfer*? Damit wird sprachlich die Person bereits negativ kategorisiert. Warum nicht *Solist*? Gerade in den besten Teams haben wir häufig auch die besten Solisten.

Selbstverständlich brauchen wir Teams und Teamplayer, aber nicht *nur* ...

1. Die meisten so genannten »Teams« sind in Wahrheit gar keine Teams – sondern es sind erst Gruppen. Gruppen sind eine Vorstufe zum Team – eine Mehrzahl von Personen, die sich häufig schwer tun mit ihrer Koordination und daher oft nur mittelmäßige Resultate liefern – und auch diese erst mit Verspätung.
2. Diese Schein-»Teams« tun sich häufig sehr schwer mit der Verantwortung. Denn sie wollen diese nicht übernehmen. Man sucht und findet lieber »Sündenböcke« ... was aber nicht zu besseren Teams führt.
3. Häufig übersehen: Alle wirklich großen Leistungen sind Einzelleistungen – eventuell mit Helfern, aber keine Teamleistungen. Alle Opern, Symphonien, Kunstwerke in Malerei und Bildhauerei

wurden von Einzelnen geschaffen. Auch die großen Architekturleistungen wurden oft von Einzelnen gedacht und entworfen, nicht von Teams. Die Teams kommen später hinzu.

4. Echte Teams entstehen durch Training – durch konsequentes, hartes und oft auch langes Training. Beispiele sind: Segelregatta-Crews, Ruderteams, Expeditionsteams, alpine Erstbegehungen, im Autorennsport die Teams im Wagen (Rallye) und die Teams in den Boxen und in der Chirurgie die Operationsteams.
5. Noch ein Hinweis: Es gibt mehrere Arten von Teams – was selten beachtet wird und daher den meisten unbekannt ist. Zum Beispiel werden Fußball, Baseball und Doppel-Tennis zwar in Teams gespielt, aber es sind ganz verschiedene Teams mit einer je anderen Logik und Spielweise.

Es lohnt sich, darüber nachzudenken …

MANAGEMENT VON CHEFS UND KOLLEGEN

Für den Erfolg mindestens ebenso wichtig wie die eigenen Mitarbeiter sind Chefs und Kollegen, denn auch diese gehören zu »meinem System« – und in gewissem Sinne müssen also auch diese »gemanagt« werden. Besser gesagt, man muss mit ihnen wirksam zusammenarbeiten. Dafür muss man selber etwas tun, also selbst initiativ werden. Das Management von Chefs und Kollegen muss in ein Modell wirksamer Führung und in das Gesamtsystem eingebaut werden.

In den Studien und Medienberichten, die über Stress, Demotivation und generell über das Leiden in Organisationen gemacht werden, scheinen als Ursachen die »inkompetenten« Chefs und die »intriganten« Kollegen auf. Ändern kann man aber weder Chefs noch Kollegen. Also hat man jeden Grund, diese richtig zu managen, damit man sie nicht »erdulden« muss, sondern *trotz allem* wirksam werden kann. In Managementtrainings der herkömmlichen Art kommt dieses Thema aber so gut wie gar nicht vor. Das Befolgen von einigen einfachen Regeln hilft schon sehr viel weiter.

REGEL 1: MAN MUSS CHEFS UND KOLLEGEN MANAGEN!

Nach meiner Erfahrung kennen 90 Prozent aller Menschen diese Regel nicht und daher kommt es ihnen gar nicht in den Sinn, dass man etwas in diese Richtung tun könnte. Stattdessen ärgern sie sich über ihre Chefs und Kollegen, manche ärgern sich vielleicht krank.

REGEL 2:
FINDE HERAUS, WAS DEIN CHEF UND DEINE KOLLEGEN FÜR MENSCHEN SIND!
Wie Chefs und Kollegen »im Allgemeinen« sind, kann man nicht wissen, und man braucht es auch nicht zu wissen, aber man kann die wenigen konkreten Personen mit der Zeit gut genug kennenlernen, um zu wissen, wie sie »ticken«. Wenn einer zum Beispiel ein Leser ist, sollte man ihm Mails schicken. Ist er aber ein Hörer, so ist es besser zu telefonieren. Will die Chefin alles auf einer Seite haben, dann bekommt sie eine Seite; will sie aber lange Abhandlungen, dann bekommt sie ein ausführliches Papier.

REGEL 3:
NUTZE DIE STÄRKEN!
Wo Chefs und Kollegen ihre Schwächen haben, hat man bald erkannt. Was aber sind ihre Stärken? Dort, wo sie etwas können, kann man ihnen helfen, noch besser und noch erfolgreicher zu sein. Das ist es, was die meisten wollen. Wer ihnen dabei hilft, weil er ihnen »in die Hand« arbeitet, wird mit ihnen gemeinsam Karriere machen.

REGEL 4:
ÜBERNIMM DIE VERANTWORTUNG FÜR DIE VERSTÄNDIGUNG!
Chefs und Kollegen sind Spezialisten, so wie man selbst auch. Spezialisten leben häufig in der verschlossenen Welt ihrer eigenen Fachsprachen. Sie denken meistens nicht daran, sich anders – verständlicher – auszudrücken. Daher muss man es selbst tun – als Einladung und Brücke, über die der andere gehen kann.

REGEL 5:
KOMMUNIZIERE MIT GESCHLOSSENEN KREISLÄUFEN!
Wenn die Situation wirklich komplex ist, braucht man kybernetisches Feedback, damit die Kommunikation verlässlich funktioniert. Diese Feedbacks heißen Auftragsbestätigung und Vollzugsmeldung. Ein

gutes Beispiel ist der Funkverkehr zwischen Piloten und ihren Lotsen im Control Tower. Ebenso ist es bei chirurgischen Eingriffen in den Operationssälen. Der Prozess ist einfach und klar: Jede ankommende Instruktion wird bestätigt. Man handelt der Instruktion gemäß und meldet danach die Erledigung, die wiederum von der anderen Stelle bestätigt wird. Mit so einfachen Maßnahmen kann man ein System fast zu 100 Prozent funktionssicher machen. Die Fehlerquoten und Missverständnisse sinken radikal schon in kurzer Zeit. Die Wirksamkeit vervielfacht sich.

Diese Regeln gelten zweiseitig und wirken dann auch doppelt gut. Wenn man selbst Chef ist, dann verlangt man von seinen Mitarbeitenden, dass sie ebenfalls diese fünf Regeln gegenüber einem selbst und gegenüber ihren eigenen Kollegen einhalten.

PARTIZIPATION, DEMOKRATIE, VERNETZUNG

Wirksame Partizipation in Organisationen ist etwas anderes als Demokratie in der Gesellschaft und sie hat andere Zwecke und Ziele. Partizipation ist ein essentielles Funktionsprinzip für richtiges und gutes Management und darüber hinaus für echte Leadership. Sie beruht aber nicht auf Gleichheit, wie in der Demokratie, sondern auf den Prinzipien des wirksamen Funktionierens, der effektiven Kommunikation und des richtigen Denkens und Handelns.

In Medien und Personalliteratur wird weiterhin auch die »Demokratieversion« der Partizipation gefordert. Das Wesentliche für Organisationen hat sich aber geändert. Partizipation dient heute und in Zukunft vor allem der immer wichtiger werdenden Vernetzung. Wir erleben eine Verdoppelung der Vernetzung: Die Vernetzung durch die heutige Informationstechnologie und die Vernetzung der Mitarbeitenden, die durch die Informationstechnologie ermöglicht und gefordert wird.

Kein Selbstzweck

Partizipation gehört seit langem zu den wichtigsten Funktionsprinzipien in Organisationen. Und für die Organisationen der Zukunft wird diese Bedeutung um ein Vielfaches zunehmen. Es wird auch viel mehr Arten und Formen der Partizipation geben als heute. Und diese neuen Partizipationsformen werden auch mehrere verschiedene Zwecke erfüllen.

Partizipation ist kein Selbstzweck. Nicht mehr geben wird es ein Mitreden um des Mitredens Willen, Beteiligung wegen des Beteiligtseins. Schon gar nicht mehr geben wird es Partizipation mit jenem Zweck, den Menschen ein »Gefühl« der Mitsprache und Teilhabe zu vermitteln. So verstandene Partizipation ist ein Auslaufmodell. Die Mitsprache muss ernstgemeint und echt sein. Ein »Gefühl« genügt nicht.

Verantwortung und Intelligenzverstärkung

Partizipation in Organisationen hat heute zwei klare Hauptzwecke: Verantwortung zum Bestandteil der Aufgabe zu machen und die Intelligenz der Organisation zu verstärken.

Ein Wirtschaftsunternehmen funktioniert nicht durch Demokratie, und das gilt auch für die meisten anderen Organisationen der Gesellschaft. Es gilt auch und besonders für jene Einrichtungen, die dafür geschaffen wurden, aktiv für die Erhaltung der demokratischen Gesellschaftsordnung zu sorgen, also etwa Parteien, Ministerien, Gewerkschaften, Ordnungskräfte und Gerichtsbarkeit.

Die Ordnung einer Gesellschaft ist nicht dasselbe wie die Ordnung ihrer Organisationen. Dass wir eine Gesellschaft und einen Staat nach demokratischen Regeln gestalten, besagt wenig über die optimale Form seiner Organisationen. Dies wird häufig verwechselt, schafft Verwirrung und kann schädliche Folgen gerade für die Demokratie in Staat und Gesellschaft sowie für ihre Organisationen haben. Es sind mindestens die folgenden drei Gründe, die Partizipation für funktionierende Organisationen unerlässlich machen.

Vernetzung von Wissen, Intelligenzverstärkung und bessere Entscheidungen

Partizipation ist nötig, um Wissensorganisationen in unserer Wissensgesellschaft intelligent zu machen. Um also das Wissen vieler Personen so zu vernetzen, dass es zur Entstehung und Verstärkung von Intelligenz kommt, um alles nötige Wissen für bessere Entscheidungen zu nutzen und um für deren optimales Umsetzen zu sorgen. Das ist keine Partizipation als Recht, sondern Partizipation als Pflicht. In fast allem, was man zu Entscheidungen hört, schwingt die Frage nach der *Mitwirkung von Betroffenen* im Entscheidungsprozess mit, also nach partizipativen, demokratischen Entscheidungsprozessen. Diese Frage nach Partizipation im Entscheidungsprozess hat zumindest *zwei* Aspekte:

Der erste Fall ist jene Entscheidung, für deren Treffen juristisch oder per Geschäftsordnung nicht eine einzelne Person, sondern ein Gremium zuständig ist, also etwa eine mehrköpfige Geschäftsführung, mit klaren Regeln für die Partizipation von deren Mitgliedern. Normalerweise ist bei diesem Fall in den entsprechenden Bestimmungen auch geregelt, wie allenfalls bestehende Uneinigkeit in einem solchen Gremium zu behandeln ist, welche Stimmenverhältnisse notwendig sind für das Zustandekommen einer Entscheidung. Bei wirklich wichtigen Entscheidungen sollte man ungeachtet der formalen Regelungen alles tun, damit die Entscheidungen *einstimmig* getroffen werden. Es kann recht lange dauern, einen Konsens herzustellen. Denn was viele nicht wissen: *Tragfähiger Konsens kommt nur zustande durch offen ausgetragenen Dissens.*

Der zweite Fall betrifft die generelle Frage der *Partizipation von Mitarbeitenden* einer Organisation, insbesondere jenen, die an der Realisierung einer Entscheidung mitwirken müssen und/oder jenen, die von den Entscheidungskonsequenzen betroffen sind.

Partizipatives Entscheiden und partizipative Führung gehören zu den am meisten diskutierten Themen der letzten Jahrzehnte. Ein erheblicher Teil dieser Diskussion war und ist noch immer politisch ausgerichtet. Diese Partizipation wird es weiterhin gegeben. Weit häufiger und auch wichtiger wird es sein, alle Arten von Organisationen intelligent und schnell zu machen. Zu den politischen Gründen für Partizipation kommen jetzt die informationstechnologischen Gründe. Im Endeffekt vielleicht: Alles mit allem vernetzen. Bis dahin: Vieles mit immer mehr vernetzen.

NICHT NUR MENSCHENFÜHRUNG

Eine weit verbreitete Auffassung ist die Meinung, Management sei vorwiegend oder ausschließlich die Führung von Menschen. Der Ursprung dieses Irrtums liegt darin, dass der Begriff »Führung« oft nur auf das Management von Personen, Gruppen oder Teams angewandt wird, aber nicht auf das Management einer ganzen Institution. Die logische Konsequenz ist, dass Managementausbildung dann praktisch ausschließlich als Frage der Menschenführung verstanden wird. Als Folge dominieren psychologische Themen. Auch Kommunikation wird dann nur als Verständigung zwischen Personen angesehen, obwohl das im Grunde die kleinsten Probleme aufwirft.

Das größere Problem der Kommunikation ist deren Organisation für das gesamte Unternehmen: *Wer muss was wann wem wie mitteilen, und wer muss was wann von wem wie erfahren?* Diese Fragen lassen sich mit Psychologie allein nicht beantworten, sondern erst mit systemorientiertem General Management.

Management ist zwar auch Menschenführung, aber es ist noch viel mehr. Wenn nicht verstanden wird, dass Management und sein deutscher Zwilling »Führung« auch auf die Gesamtinstitution angewandt werden muss, so treibt dieses Verständnis von Management als *nur* Menschenführung unweigerlich in eine falsche Richtung. Es wird dann übersehen, dass Menschenführung keineswegs die Führung von Menschen als solchen ist, sondern die Führung von Menschen in Organisationen. Das ist etwas anderes als Menschen in ihrem Privatleben. Gleichzeitig wird in der Regel das Befassen mit Organisationen einseitig, weil nicht verstanden wird, dass Management die Führung von Organisationen *mit Menschen* ist. Man übersieht, dass beides sich gegenseitig bedingt.

Es geht also um die Führung von Menschen *in Organisationen.* Und es geht um die Gestaltung von Organisationen *mit Menschen.* Genau das macht die Sache schwierig. Jede Aufgabe wäre – für sich genommen – relativ leicht zu lösen. Beide zusammen hingegen sind schwierig.

Damit entsteht ein weiteres Problem: Wenn Menschenführung nicht in einem unauflösbaren Zusammenhang mit den Funktionsanforderungen von Organisationen gesehen wird, dann überträgt man leicht Dinge, die für das Privatleben von Menschen wichtig sind, auf die Organisationen. Dort sind sie in vielen Fällen gänzlich deplatziert. Davon sind große Bereiche der Motivationslehre geprägt, aber beispielsweise auch die Frage, ob ein Beruf Spaß machen muss, soll oder kann. Umgekehrt werden Prinzipien, die für Menschen innerhalb von Organisationen unverzichtbar sind, weil diese sonst nicht funktionieren können, allzu leichtfertig auf das Privatleben übertragen, wo sie nicht hingehören und unter Umständen Schaden anrichten.

Meiner Erfahrung nach könnten zwei Drittel der Seminare über Mitarbeiterführung viel wirksamer sein, wenn konsequent auf die genannten Zusammenhänge geachtet würde. Wenn Management nur als Menschenführung angesehen wird, kommt es zur Dominanz der Psychologie mit zum Teil schädlichen Folgen. Managementprobleme werden dann als psychologische Probleme angesehen. Ihre Lösung wird dann folgerichtig in der Psychologie gesucht. Man kümmert sich einseitig um die so genannten »schwierigen« Mitarbeiter, obwohl die »normalen« Mitarbeiter in der Überzahl sind.

Man vergisst, dass die Aufgabe nicht ist, Menschen zu verändern, zu therapieren, sondern sie zu nehmen, wie sie sind und ihre Stärken zu nutzen. Es kommt schließlich zu einer massiven Fehlorientierung, weil dann nur noch die psychologischen Kategorien gesehen werden, womit man sich immer weiter von gutem Management entfernt.

Management bedeutet, Organisationen an die Natur des Menschen anzupassen, nicht die Natur des Menschen an die Organisation. Tut man das, braucht es zwar noch immer Psychologie, aber eine andere, weil am Menschen orientierte Organisationen nicht neurotisch machen und auch keine vermeidbaren Konflikte provozieren.

DIE SECHS GRUNDSÄTZE WIRKSAMER FÜHRUNG

Diese Grundsätze verstehe ich als *Regeln des Handelns* für alle Situationen, in denen man wirksam werden muss oder will. Diese Regeln sind in ihrer Funktion vergleichbar mit den Regeln des Straßenverkehrs, wenn man bei allen Straßenverhältnissen unfallfrei fahren will. Sie gelten immer. Ob man sich daran halten will, ist eine andere Frage. Jede und jeder muss dies für sich selbst entscheiden. Dies wiederum ist eine Frage der persönlichen Verantwortung, die ich als das Kernstück der Management-Ethik verstehe.

GRUNDSATZ 1: ES KOMMT IM MANAGEMENT NUR AUF DIE RESULTATE AN.

Management verstehe ich als die Aufgabe, Fähigkeiten und Ressourcen umzuwandeln in Leistung und Ergebnisse. Was letztlich zählt, ist das Ergebnis. Dieser Grundsatz soll daher das Handeln der Menschen auf allen Ebenen einer Organisation bestimmen. Ressourcen sind alles, was für die Erbringung der Unternehmensleistung nötig ist. Zu den rein ökonomischen Ressourcen gehören Kapital, Boden und Arbeit. Ressourcen sind aber auch Talente, Wissen, Können, Erfahrung und sogar Gefühle.

Die richtige Leitfrage ist nicht: *Wie viel* habe ich heute gearbeitet? sondern: *Was habe ich heute erreicht?* – Denn Arbeit ist noch nicht Leistung, Arbeit allein ist noch nicht Ergebnis.

GRUNDSATZ 2:
ES KOMMT DARAUF AN, EINEN BEITRAG AN DAS GANZE ZU LEISTEN.

Nicht die eigene Position ist maßgebend, nicht Status und Privilegien, sondern das *Unternehmen* als Ganzes. Die Leitschnur des Handelns soll daher der Zweck des Unternehmens sein, die Mission und die Unternehmenspolitik sowie die Strategie und die Geschäftsgrundsätze.

GRUNDSATZ 3:
ES KOMMT DARAUF AN, SICH AUF WENIGES, DAFÜR ABER WESENTLICHES ZU KONZENTRIEREN.

Wenige Berufe sind so sehr der Gefahr der Verzettelung der Kräfte sowie der Gefahr von Geschäftigkeit und Aktionismus ausgesetzt, wie der Beruf der Führungskraft. In der Beschränkung auf Weniges, aber dafür wirklich Entscheidendes, zeigt sich echte Professionalität. Dies ist der Weg zu Resultaten.

GRUNDSATZ 4:
ES KOMMT DARAUF AN, BEREITS VORHANDENE STÄRKEN ZU NUTZEN.

Aus den Schwächen der Menschen können keine Leistungen kommen, sondern nur aus deren Stärken. Eine der wichtigsten Führungsaufgabe ist es daher, die *Stärken* von Menschen zu suchen und zu finden und ihre Aufgaben so zu gestalten, dass sie ihre Stärken einsetzen können und mit ihnen Erfolge erzielen können. Das ist der zweite Weg zu Resultaten. Das ist auch die Hauptquelle von Motivation, Selbstwertempfinden und Sinnerfahrung: Mit seinen Stärken Ergebnisse zu erzielen.

GRUNDSATZ 5:
ES KOMMT AUF DAS GEGENSEITIGE VERTRAUEN AN.

Motivation und Leistung können nur auf der Grundlage von gegenseitigem, gerechtfertigtem und immer wieder bestätigtem Vertrauen gedeihen. Derart fundiertes Vertrauen macht Systeme intelligent und fehlerrobust. Wo Vertrauen fehlt, wird die Motivation ruiniert. Die Quelle von Vertrauen sind persönliche Integrität und Vorbild.

GRUNDSATZ 6:
ES KOMMT DARAUF AN, POSITIV ZU DENKEN.
Positives Denken lenkt den Blick, das Denken und Handeln von Problemen auf Chancen, von Schwächen zu Stärken und von Hindernissen zu Möglichkeiten. Dies ist auch der Weg von der bloßen Motivation zur viel wichtigeren Fähigkeit der Selbst-Motivation und damit zu persönlicher Emanzipation, Freiheit und Unabhängigkeit von der Motivation durch andere. Menschen zu befähigen, sich selbst zu motivieren, ist auch eines der Elemente richtig verstandener Leadership.

Zu jedem dieser Grundsätze gibt es ein Kapitel in meinem Buch *Führen Leisten Leben.* Man könnte noch mehr solche Grundsätze aufstellen. Aber diese genügen. Allein schon die konsequente Befolgung dieser sechs Grundsätze führt zu einer grundlegenden Verbesserung der Führungs-Effektivität, unabhängig davon, in welchem Bereich einer Organisation jemand tätig ist. Und noch wichtiger: Ohne Orientierung an diesen Grundsätzen kann es keine Effektivität geben. Management definiere ich als den Beruf der Wirksamkeit in Organisationen. Diese Grundsätze sind daher auch die Grundlage für die Unternehmenskultur der Wirksamkeit.

Zu Grundsätzen kann es zwar immer auch Ausnahmen geben und in der Praxis muss man auch Kompromisse machen können und dürfen. Grundsätze ermöglichen aber etwas, was man häufig übersieht, nämlich die Unterscheidung von guten und richtigen Kompromissen im Unterschied zu schlechten und falschen Kompromissen. Diese sechs Grundsätze gelten immer. Sie sind besonders wichtig und hilfreich in Zeiten großer Veränderungen, Big Change und Transformation und für den Übergang vom Bisherigen zum Neuen.

KONSTANTEN IM WANDEL

Wandel ist konstant. Dieses scheinbare Paradoxon steht gleichzeitig für das Problem und die Lösung des Gestaltens von professioneller Unternehmenspolitik. Veränderung allein ist Chaos. Konstanz allein ist Erstarrung. Aber beides zusammen bewirkt die dynamische Ordnung für das Funktionieren von und Leben in Systemen.

Gäbe es im Flux ständig wechselnder Ereignisse keine Invarianz, Stabilität, stetige Muster und Struktur, wäre erfolgreiches Handeln nicht möglich. Das gilt sowohl für die Natur als auch für die Organisationen der Gesellschaft. Das Schaffen und Nutzen von dynamischen Ordnungen ist ein von der Natur angelegtes, allgemeines Lebensprinzip. Es ist auch der Zweck von Management, insbesondere der Unternehmenspolitik als Regulierungsfunktion für jede Institution einer funktionierenden Gesellschaft.

Sichere Orientierungsmarken höchster Ebene

Eine der wichtigsten Voraussetzungen für höchste Führungspositionen ist die Fähigkeit, das Konstante in der Veränderung zu erkennen und Wandel durch Konstantes, nämlich Prinzipien und Regeln zu lenken. An erfolgreichen Unternehmensführern lässt sich das deutlich beobachten. Sie berichten im Rückblick auf ihre Erfolge über die *dauerhaften und grundsätzlichen* Prinzipien ihres Handelns, nicht über den Trubel der Tagesereignisse. Letztere dienen nur der Veranschaulichung. Ihr Hauptinteresse gilt den verlässlichen Orientierungskriterien, die im Strudel des Geschehens sichere Anhalts punkte für richtige Entscheidungen waren.

Erfolgreiche Topmanager reflektieren über jene Regeln, die ihnen geholfen haben, Ungewissheit und Zeitdruck zu bewältigen. Sie sprechen von den Grundsätzen, die ihnen souveränes Handeln auch dann noch ermöglichten, wenn relevante Information nicht zu bekommen war und selbst der fähigste Verstand nicht ausreichte, alle Einflüsse und Folgen abzuschätzen. Kurz, sie berichten von Prinzipien, die ihnen halfen, mit Komplexität erfolgreich umzugehen. Dabei unterscheiden sie zwischen Regeln, die strangulieren und Regeln, die befreien. Je größer die Veränderungen von außen waren, die sie als Architektinnen, Kapitäne und Dirigenten ihrer Unternehmen zu bewältigen hatten oder als Innovatoren selbst herbeiführten, desto wichtiger war ihnen das Konstante im Wandel, das Prinzipielle unter der Oberfläche, das Sein im Schein.

Ausnahmslos gehören fünf Dinge zu den Konstanten der Besten unter den erfolgreichen Unternehmensführern, nämlich:

1. Der Kunde.
2. Das Bewusstsein von ständigem Risiko.
3. Das Wissen, wie wenig Zeit ihnen bleibt.
4. Die sechs Control-Parameter für die Lenkung: die Marktstellung, die Innovationsleistung, die Produktivitäten, die Attraktivität für gute Leute, die Liquidität und der Gewinn.
5. Die Verantwortung dafür, dass es nach ihnen weitergeht.

KLARE SPRACHE

Sprache prägt Wahrnehmen, Denken, Kommunizieren und Handeln. Sprache ist die Grundlage für richtige Führung und Sprache ist auch das Werkzeug der Verführer. Dabei geht es nicht um Sprachfinessen und auch nicht um Stil- oder Geschmacksfragen, sondern um richtiges Denken und wirksame Verständigung im Management.

Es geht um Klarheit, Richtigkeit und professionelle Präzision. In meinem Buch *Gefährliche Managementwörter* habe ich 50 Begriffe gesammelt, die »gefährlich« sind. Die Wörter sind Quellen von Missverständnissen, und deshalb können sie gefährlich sein. Sie erschweren richtiges Verstehen und klare Kommunikation. Sie sind die Ursache von fehlgeleiteten Erwartungen und falschem Handeln von Menschen in Organisationen.

Eine klare und genaue Terminologie ist eines der Kennzeichen entwickelter Wissenschaften und Disziplinen. Die Beherrschung der Begriffswelt ist eine unverzichtbare Bedingung für Professionalität und Kompetenz. Niemand würde in den technischen und naturwissenschaftlichen Fächern ernstgenommen, der Geschwindigkeit und Beschleunigung verwechselt. Ein Jurist, der zwischen Eigentum und Besitz nicht zu unterscheiden wüsste, wäre nicht nur inkompetent, sondern gefährlich. Gerade, wo es um zwar feine, aber wichtige Unterscheidungen geht, ist Präzision entscheidend.

Management ist diesbezüglich von den entwickelten Wissenschaften, vor allem von den Naturwissenschaften, auch von der Medizin, der Rechtskunde und den technischen Disziplinen noch ein gutes Stück weit entfernt. In vielen Diskussionen mache ich die

Erfahrung, dass Führungskräfte, so professionell sie in ihren eigenen Fachdisziplinen sind, in Managementfragen entweder keine klaren Begriffspositionen haben oder davon ausgehen, dass im Management dieselbe Begriffsklarheit herrsche, wie in ihren eigenen Disziplinen. Als Konsequenz dieser Denkweise finden sie sich zu ihrer Überraschung oft in einem sprachlichen Chaos.

SCHLÜSSELBEREICHE DER PERSÖNLICHEN ARBEITSMETHODIK

Zu den Fragen, die mir am häufigsten gestellt werden, gehören die folgenden Bereiche der persönlichen Arbeitsmethodik.

Das Memory-System: Sammeln, Ordnen, Strukturieren und Finden

Eine wesentliche Herausforderung ist für viele die Frage, wie sie die große Vielfalt verschiedenartiger Themen, mit denen sie sich befassen müssen oder wollen, vernünftig organisieren. Nur oberflächlich hat das mit *Ablage* zu tun. In Wahrheit steckt viel mehr dahinter: Es geht um den fundamentalen Unterschied zwischen *Storage* und *Memory*.

Storage ist passiv, Memory ist aktiv. Die Kunst ist nicht, etwas abzulegen, sondern die Kunst ist, *es* wiederzufinden und zwar genau dann, wenn man es braucht – oft lange nachdem man es abgelegt hat und genau in dem Zusammenhang, in dem man es dann braucht – der häufig ein ganz anderer ist, als zum Zeitpunkt der Ablage. Dazu gehört die Kunst, alle für die Erledigung eines Vorgangs erforderlichen Unterlagen vollständig und geordnet dann beisammen zu haben, wenn man sich an die Arbeit machen will. Nur in einfachen Führungspositionen stellt sich dieses Problem weniger. Für höhere Führungskräfte – und für die Kopfarbeiter auf allen Ebenen – ist die Lösung dieser Herausforderung entscheidend für ihre Effektivität. Der Begriff »Wissens-*Management*« kommt einem dabei in den Sinn.

In diesem Zusammenhang wird auch, aber viel zu schnell, auf die Möglichkeiten der modernen Elektronik verwiesen. Der Computer ist hier zwar vorteilhaft, aber er bringt als solcher nicht die Lösung. Vor allem löst die Digitalisierung nicht den wesentlichen Teil des Problems, nämlich die Definition von richtigen Kontexten. Diese muss man – auch mit Digitalisierung – noch immer selbst festlegen.

Nach meiner Schätzung verbringen die Menschen in Organisationen noch bis zur Hälfte ihrer Arbeitszeit mit Suchen und Ordnen von Unterlagen. Die heutigen Suchmaschinen sind dafür erst ein Teil der Lösung – der einfachere Teil. Wenn man diese Thematik durchdenkt, bestärkt das die Ehrfurcht vor der diesbezüglichen Leistungsfähigkeit des menschlichen Gehirns und es relativiert vorerst etwas die Horrorvorstellungen von geheimdienstlichen Datensammlungen. Denn die Umwandlung von Daten in Information und von dort in Wissen und in Aktion ist noch etwas anspruchsvoller, als aufbauschende Medienberichte es nahelegen.

Ein System zur Beziehungspflege

Was macht Führungskräfte wertvoll? Was ist ihr Kapital? Drei Dinge stehen im Vordergrund: Die Erfahrungen, die man akkumuliert, die Lernfähigkeit und die Beziehungen, die man im Laufe des Lebens knüpft.

Beziehungen müssen, jede erfahrene Person wird es bestätigen, ständig gepflegt, kultiviert und betreut werden. Man kann Beziehungen nicht einfach dann aktivieren, wenn man sie braucht, wenn man sie vorher vernachlässigt hat. Die Menschen sind nicht dumm, insbesondere jene nicht, mit denen Beziehungen wertvoll sind. Vielleicht tun sie einem dann einen Gefallen, aber sie merken die Absicht und sind meistens leicht verstimmt.

Führungskräfte, die an beruflicher und persönlicher Wirksamkeit interessiert sind und ganz besonders jene, die Karriere machen wollen, brauchen ein System zur Pflege ihrer Beziehungen. Auch hier gilt wieder dasselbe wie schon bisher: *Wie* man es macht, ist weniger wichtig, als *dass* man es macht. Dazu gibt es mehrere Möglichkeiten.

Man muss nicht so weit gehen wie der zu seiner Zeit sehr berühmte Vorstandschef einer großen Bank, der ein ganzes Sekretariat – nicht nur eine Person – im Einsatz hatte, um alle seine Kontakte akribisch zu dokumentieren. Er ließ alles, was auch nur im Entferntesten von Bedeutung sein konnte, festhalten. Er kannte die Interessen der Personen, die für ihn wichtig waren; er kannte ihre Hobbies, er wusste, welchen Wein sie schätzten, welche Blumen die Ehefrauen mochten. Er ließ keine Gelegenheit aus, um Menschen einen Gefallen zu erweisen, ihnen zu Diensten zu sein oder ihnen eine Freude zu bereiten. Die intensive, ständige Kultivierung seiner Beziehungen war ihm wichtig und sie war ein »Geheimnis« seines Erfolgs – ein Geheimnis, von dem jeder wusste, der ihn kannte.

Man braucht das, wie gesagt, nicht ganz so systematisch zu betreiben. Aber dass Beziehungen wichtig sind und gepflegt werden müssen, ist fast zu banal, um es zu erwähnen. Die meisten Führungskräfte sehen das zwar auch so, wenn man sie darauf anspricht, aber nicht alle handeln entsprechend.

Körperliche und mentale Fitness

Zur Arbeitsmethodik gehört es auch, auf seine Fitness zu achten. Fitnesstraining beeinflusst die Leistungsfähigkeit – auch die mentale und die emotionale Befindlichkeit – so außerordentlich positiv, dass man darauf nicht verzichten sollte. Es braucht nicht allzu viel und ich lasse Details hier weg: Ausdauertraining, Beweglichkeit und Gleichgewicht und etwas Krafttraining genügen bereits. Damit können viele Ursachen für berufliche Beeinträchtigungen von vornherein wirksam vermieden werden. Dazu gehören viele »Zivilisationskrankheiten« wie Schmerzen im Rücken, im Hüftbereich und in den Knien.

Wer fit ist, kann länger durchhalten, hat Leistungsreserven und fühlt sich rundum besser. Das »Geheimnis« ist Regelmäßigkeit …

An dieser Stelle erwähne ich auch mentales Training, Entspannung, Vorstellungskraft, mentale Programmierung und Körperbewusstheit. Eine der bewährten Methoden ist das Autogene Training für mentale Fitness und für die Überwindung von Grenzen durch eine positive Haltung zu sich selbst und zur Leistung. Auch dies gehört in den Kontext der Arbeitsmethodik, denn Entspannung, Regeneration und Konzentration sind auch Dimensionen einer wirksamen Arbeitsmethodik.

DIE DREI GRUNDFRAGEN DES ORGANISIERENS

Wirksame Organisationen sind »Ein-Zweck«-Gebilde. Ob sie deswegen *einfach* sein können, ist eine andere Frage. Wenn es so ist, ist es vorteilhaft. Aber auch Einzweck-Geräte oder -Maschinen können ja von erheblicher Komplexität sein. »Einfach« und »Ein Zweck« wird häufig verwechselt. Beispielsweise ist ein Kampfflugzeug ein Einzweck-System, aber es ist sicher nicht einfach. Es ist von sehr beschränkter Einsatzmöglichkeit, diese erfüllt es aber besser als jedes andere Gerät.

Im Kern gilt es, drei Fragen zu beantworten; es sind die Grundfragen allen Organisierens. Sie bewahren davor, eine Organisation zu überladen und zu überfordern.

1. Wie müssen wir uns organisieren, damit das, wofür der Kunde oder Leistungsempfänger uns bezahlt, im Zentrum der Aufmerksamkeit steht und von dort nicht wieder verschwinden kann?
2. Wie müssen wir uns organisieren, damit das, wofür wir unsere Mitarbeiter bezahlen, von diesen auch wirklich getan werden kann?
3. Wie müssen wir uns organisieren, damit das, wofür die Firmenspitze, das Top-Management, bezahlt wird, von diesem auch wirklich getan werden kann?

Die Organisation ist die »Brücke« zwischen diesen drei Fragen. Dazu ein paar Hinweise: Es gibt in fast jeder Firma heute Bekenntnisse zur Kundenorientierung. Realisiert ist sie deswegen aber noch lange nicht.

Erstens, es ist gar nicht so leicht, herauszufinden, wofür der Kunde ein Unternehmen *wirklich* bezahlt. Zweitens, selbst wenn man es weiß, gibt es noch immer sehr viel mehr Möglichkeiten, am Kunden vorbei zu organisieren, als den Kunden tatsächlich im Zentrum zu haben. Ein Beispiel, das gleichzeitig Frage 1 und 2 verdeutlichen kann, sind jene Versicherungsgesellschaften, deren Außendienstmitarbeiter, außer zu verkaufen auch noch administrative Aufgaben zu erledigen haben.

Jede Analyse zeigt, dass die Außendienstmitarbeiter sehr vieler Versicherungsgesellschaften höchstens 40 Prozent ihrer Zeit dem Kunden widmen können. Der andere, größere Teil muss für die verschiedensten Verwaltungsarbeiten eingesetzt werden. Damit steht der Kunde nicht im Zentrum, und damit kann auch der Mitarbeiter nicht das tun, wofür er tatsächlich bezahlt wird.

PROTOTYPEN VON SYSTEM UND SELBSTORGANISATION

Prototyp »System«: Wasser

»Das Ganze ist mehr als die Summe seiner Teile.« Dieser Satz gilt im Allgemeinen als eine gute Annäherung an das, was wir ein *System* nennen. Worum es geht, wird aber klarer durch die Formulierung: »Das Ganze ist etwas *anderes* als die Summe der Teile.« Aber auch das trifft die Sache nicht recht, denn der Begriff *Summe* bleibt rätselhaft.

Ein gutes und einfachstes Beispiel für ein System ist Wasser. Dessen Teile sind bekanntlich zwei Wasserstoffatome und ein Sauerstoffatom. Sobald sie sich zusammenfügen, das heißt, *richtig* zusammenfügen, entsteht Wasser. Keines der Atome hat aber auch nur eine einzige Eigenschaft von Wasser, keines ist nass und fließt; keines verdampft bei 100 Grad und keines gefriert bei 0 Grad. Umgekehrt hat Wasser keine einzige Eigenschaft seiner Atome.

Wasser können wir nun zweifach analysieren: Nämlich so, dass seine Eigenschaften als *System* im Fokus sind, oder so, dass wir diese Eigenschaften zerstören. Wenn wir Wasser in seine Teile zerlegen, finden wir zwar auch viel Interessantes; jedoch das System ist verschwunden. Fügen wir sie zusammen – oder besser – lassen wir sie zusammenkommen, ist das System wieder da.

Zwei der wichtigsten Aspekte von Systemen werden hier bereits auf der Ebene elementarer Chemie deutlich, nämlich: *das Zusammentreffen von bekannten Teilen und das dadurch mögliche Entstehen von etwas Neuem.* In den System- und Biowissenschaften spricht man hier von *Emergenz.* Konrad Lorenz, österreichischer Verhaltensforscher und Nobelpreisträger, hat das treffend auch *Fulguration* = Blitz genannt. Zum Beispiel ist *Risiko* ein typisch emergentes Phänomen. Auch das Verhältnis von *Synthese* und *Analyse* ist an diesem Wasser-Beispiel zu sehen. Damit wird auch deutlich, dass es verschiedene Arten von Analyse gibt: eine solche, die *reduktionistisch* ist, also *systemzerstörend* und eine solche, die *holistisch* ist, das heißt, *systemerhaltend.*

Einfache und komplexe Systeme

Ich sagte, das Wasser-Beispiel sei das beste *einfachste* Beispiel. Das ist zu berücksichtigen, weil es in der heutigen Gesellschaft nicht um einfache, sondern um *komplexe Systeme* geht. Denn am Wasser kann man noch weitere Systemaspekte verdeutlichen. Das Beispiel der »Wasser-Chemie« erlaubt unter anderem eines nicht zu illustrieren: Die geschichtliche Bedingtheit von Systemen, ihre Historizität, die im Umgang mit komplexen Systemen eine entscheidende Rolle spielt. Das Entstehen von Wasser aus seinen Teilen ist beliebig wiederholbar. Auch das hat zwar eine Geschichte, aber diese hat immer dieselben Elemente und denselben Ablauf. Die Geschichten sozialer Systeme hingegen sind immer einmalig, einzigartig und nicht wiederholbar.

Rückführbare Systeme

Wasser ist aber auch eines jener Systeme, das man wieder in seine Elemente zurückführen kann. Man kann es in seine atomaren Bestandteile zerlegen. Darauf beruht der methodische Reduktionismus und das dementsprechende Wissenschafts- und Weltbild. Aber nur die wenigsten Systeme sind auf ihre Bestandteile zurückführbar. Aus

Apfelmus kann man keine Äpfel mehr machen, aus Fischsuppe keine Fische und komplexe Systeme kann man nicht in ihre früheren Zustände und Konfigurationen zurückführen.

Unter anderem hängt die Dekomposition eines Systems auch davon ab, was wir als seine *Bestandteile* ansehen. So wissen wir, dass 2 und 2 gleich 4 ist, und verlassen uns darauf, dass es immer so ist. Das stimmt aber keineswegs, sondern nur unter den *arithmetischen* Bedingungen. Zwei Tropfen Wasser plus zwei Tropfen Wasser geben nämlich nicht *vier* Tropfen Wasser, sondern eine kleine Pfütze – und diese können wir nicht in die Tropfen zurückführen, aus denen sie entstanden ist. (Dieses kleine Wasserpfützen-Beispiel habe ich durch einen glücklichen Zufall bereits zu Beginn meines Universitätsstudiums von einem der bedeutendsten Philosophen, Karl Popper, gelernt, und zwar im Zusammenhang mit der Frage, wann und inwiefern Mathematik auf die Wirklichkeit anwendbar ist. Es war einer jener Zufälle, die mich rechtzeitig wachsam machten für einige der Fallen so genannter Wissenschaftlichkeit.)

Wie viele Wege führen nach Rom?

Bei dieser Gelegenheit kann ich noch etwas zeigen: In der Schule lernen wir, Fragen von der obigen Art zu beantworten, also »Wie viel ist 5 plus 5?«. Darauf geben wir brav unsere richtige Antwort, also 10. Ein anderer Typ Frage kommt aber so gut wie nie vor, nämlich »Auf wie viele Weisen kann man zu 10 kommen?«. Genau das ist aber der Fragetyp, der für das Verstehen von Komplexität, von Systemen, von Gesellschaft, Politik, Wirtschaft sowie von Unternehmertum und Management wesentlich ist.

Dieses Fragen dreht die Perspektive um 180 Grad – kategorial – nämlich vom Input zum Output von Systemen. Nicht mehr: »Was passiert am Output, wenn das und das am Input geschieht?« Sondern: »Wie kommt das System zu einem bestimmten, erwünschten, erforderlichen Output?« Das ist einer der Kernpunkte von Control im kybernetischen Sinne.

Für systemisches Denken brauchen wir beide Typen von Fragen: nicht nur Fragen nach Entweder-Oder, sondern auch solche nach Sowohl-Als-Auch. Es ist der zweite Fragetyp, der in die Welt von Synthese, Synergie, Integration, Syntegration, Kreativität, Kommunikation und zu den Selbst-Fähigkeiten führt. Diese mögen – wie häufig behauptet wird – alle auch mit der speziellen Funktionsweise der rechten Hirnhälfte zu tun haben. Vor allem haben sie aber zu tun mit einer anderen Sicht- und einer anderen Frageweise.

Prototyp »Selbstorganisation«: Kreisverkehr

Bei natürlichen Systemen ist Selbstorganisation leicht zu erkennen – dort geschieht sie einfach – in der Natur, in Organismen. Aber was ist Selbstorganisation bei künstlichen Systemen? Gibt es sie dort überhaupt? Ein hierfür einfaches Beispiel ist der Kreisverkehr oder der Verkehrskreisel. Dieses Beispiel verwende ich seit Anfang der 1980er-Jahre in meinen Seminaren über *Systemorientiertes Management.* Mit ihm können die Grundzüge von Selbstorganisation und die oft verblüffend einfachen Lösungen dafür gut verdeutlicht werden.

Für die Regulierung von Straßenkreuzungen gibt es drei Möglichkeiten: Erstens, den Verkehrspolizisten, der zwar situationsgerecht regelt, aber eine Lösung mit vielen Nachteilen ist, weil er alle paar Stunden wegen Ermüdung und beginnender Nachlässigkeit abgelöst werden muss, vor Nässe, Kälte, Hitze, Abgasen und sonstigen Unbillen zu schützen ist – und nur einfache Kreuzungen zuverlässig regulieren kann, weil er bei komplexen Kreuzungen an Overload seiner Wahrnehmungs- und Hirnkapazität stößt.

Zweitens gibt es die Regulierung durch eine Verkehrsampel. Sie regelt zwar zuverlässig und ermüdungsfrei, aber mechanistisch, stur und nicht situationsadaptiv. Warum man auch nachts an einer roten

Ampel stehen bleiben soll, obwohl kein anderes Auto da ist, strapaziert nicht selten die Geduld des Autofahrers. Außerdem ist ab einem gewissen Komplexitätsgrad der Kreuzung auch das Schaltprogramm der Ampel überfordert.

Die dritte Möglichkeit ist perfektes Selbstorganisieren und -regulieren des Verkehrs durch den Kreisverkehr. Als simples Bauwerk ist er für beinahe beliebig komplexe Kreuzungen einsetzbar; er ist kostengünstig, robust und zuverlässig, weil er nämlich *gar nicht reguliert!* Sondern der Kreisverkehr befähigt die Verkehrsteilnehmer, den Verkehrsfluss selbst zu regulieren und zu organisieren, indem diese ihre eigene Intelligenz, ihr Wissen, ihre aktuelle Beobachtung und Information dazu verwenden, sich selbst zu helfen, dies aber den Regeln entsprechend.

Organisiere ein System so, dass es sich selbst organisiert

Generalisiert geht es um den scheinbaren Widerspruch: *Organisiere ein System so, dass es sich selbst organisieren kann.* Was bedeutet das am Beispiel Kreisverkehr? Das *System* ist die *gesamte Verkehrssituation* – mit praktisch beliebigem Kreuzungsmuster –, das durch eine *Struktur* – nämlich die *Anlage für den Kreisverkehr* – so organisiert wird, dass sich eine ständig ändernde, nicht vorhersehbare Art und Zahl von Verkehrsteilnehmern zeitlich unlimitiert, unabhängig vom Personalbestand der Polizei, von Witterungseinflüssen, Stromverfügbarkeit usw. selbst organisieren und selbst regulieren kann.

Es sei in Erinnerung gehalten: Der Kreisverkehr ist das *einfachste* Beispiel. Die Realität handelt von entschieden komplexeren Systemen, deren Lösungen zur Selbstorganisation mehr Aufwand erfordern, dafür aber auch noch viel mehr leisten und zwar auf eine ähnlich elegante Weise.

RE-ORGANISIEREN

Weniges macht Führungskräfte so nervös wie das Wort »Re-Organisieren«. Zu Recht schrecken sie vor großen Organisationsänderungen zurück, vor allem dann, wenn ganze Abteilungen, Werke, Teilorganisationen zerlegt, zusammengeführt, umgebaut oder abgebaut werden müssen. Andererseits gibt es eine wachsende Zahl von Managern, die eine Strategie des ständigen Re-Organisierens und Umstrukturierens verfolgen – »damit die Dinge in Bewegung« bleiben. Dafür habe ich wenig Verständnis. »Organisitis« klingt nicht nur pathologisch. Sie ist ein gefährlicher Irrweg – sowohl für die Unternehmens- als auch für die Menschenführung.

Organisieren oder funktionieren?

Der Unterschied zwischen dem Schaffen einer neuen Arbeitsteilung und ihrem Funktionieren zeigt die folgende kleine Geschichte zur »Reorganisation des Schachspielens«. Sie zeigt die *Wechselwirkung von Struktur und Funktionsweise der Entscheidungsprozesse* recht anschaulich. Auf jeder Seite eines Schachbrettes sitzt bekanntlich ein Spieler, der integral Schach spielt, nämlich in Kenntnis der Regeln und mit jederzeitigem Überblick über den gesamten Spielstand und seinen Verlauf – also Real-Time-Control im besten Wortsinn.

Jemand beobachtet die zwei Gegner beim Schachspiel. Er sieht die Anspannung und Nervosität der Spieler, auch wie lange es dauert, bis jeder zieht – offensichtlich anstrengend, ineffizient und inhuman – ein klarer Fall für eine Re-Organisation!

Organisieren heißt nach gängiger Doktrin: Fasse Gleiches zusammen und bestelle eine fähige Person zum Chef. Also: Alles was mit Geld zu tun hat, gehört in die Finanzabteilung, alles mit Menschen in die Human Resources, alles mit Computern in die IT und alles, was mit Kunden zu tun, gehört ins Marketing usw. Was ist im Schachspiel »Gleiches«? Alle Bauern werden zusammengefasst und einem Bauernführer unterstellt. Die Türme ebenfalls; zwar wird es nur eine kleine Abteilung, aber die Türme sind wichtig – also brauchen wir einen Turmmanager. Bei den Pferden zögert der Organisator, denn diese scheinen höchst komplexe Aufgaben zu haben und ganz besonders wichtig zu sein. Beide zusammen unter einer Leitung? Oder jedes Pferd separat? Aus Kostengründen vorerst beide unter einen Chef, später sieht man weiter. Die Läufer? Ziehen linear – nur ein Chef nötig. Königin und König, selbstverständlich je ein Manager, diese beiden Figuren sind so wichtig, dass nichts zu teuer ist und der CEO persönlich managt den König.

Eine wunderbare Lösung: Weniger Stress, mehr Effizienz, nicht sofort zwar, aber sobald die neue Lösung sich eingespielt hat und die Spezialisierung greifen wird ... Das Führungs-Team? Ein bisschen groß. Sieben Personen. Wir lösen das so, dass wir einen dreiköpfigen Vorstand bilden für König, Königin und Pferde. Außerdem setzen wir vier Prokuristen für die anderen Figuren ein. Für die Komplexität des »Geschäftes« ist das nicht übertrieben. Somit haben wir also eine erweiterte Geschäftsleitung von zusammen sieben Personen. Die Prokuristen werden flexibel – nach Bedarf – in den Sitzungen anwesend sein.

Allerdings entsteht ein neues Problem – die Koordination! Kein Problem, denn dafür gibt es bewährte, pragmatische Lösungen: Jeden Montag Vorstandssitzung – mit oder ohne Beizug der Prokuristen, meistens aber mit, weil sonst Information fehlt. Zuerst präsentiert der Bauernführer, wohin er während der vergangenen

Woche seine Bauern gezogen und welche gegnerische Figuren er damit kassiert hat. Er weiß, dass der Läufer-Manager wütend auf ihn ist, weil dieser einen Läufer genau dorthin ziehen wollte, wo er einen Bauern hingestellt hat. Der Läufer-Chef präsentiert seine Lage und stellt den Antrag, der Bauernführer möge bis spätestens Mittwoch laufender Woche seinen Bauern von diesem Feld entfernen, weil er dorthin ziehen müsse, um die gegnerische Königin zu bedrohen. Es kommt heftiges Veto vom Pferde-Chef, denn dieser sieht Wege, in den nächsten drei Zügen dem König erstmals Schach zu bieten, dafür brauche er aber die Unterstützung von Turm und zwei Bauern ... Die Runde kocht, der Ton wird laut ... Vielleicht sollte man doch zum früheren System mit je einem Spieler auf beiden Seiten zurückkehren?

Re-Funktionieren: Selbstorganisation

In den meisten Organisationen steht tiefgreifender Wandel heute auf der Tagesordnung. Aber das heißt nicht, dass immer »re-organisiert«, also im herkömmlichen Sinne »umgebaut« werden muss. Statt um*bauen* kann man auch um*funktionieren*. Der Fokus liegt dabei statt auf »re-organisieren« auf »re-funktionieren«. Neue Formen des Zusammenarbeitens von bestehenden Bereichen können ein ganz neues Funktionieren bewirken. Und dafür wiederum ist der Schlüssel komplexitätsgerechte Selbst-Organisation. Hier liegen große Potenziale für Flexibilität und Anpassungsfähigkeit, für die Erhöhung von Geschwindigkeit, Wirksamkeit und Leistung, ohne dass man die gewaltigen Bürden einer herkömmlichen Re-Organisation auf sich nehmen muss.

Die Selbstorganisation von Systemen beruht auf Regeln, die das Verhalten der Systemelemente – in Organisationen von Menschen –, wie das Wort sagt, regeln oder regulieren und ihr Zusammenwirken steuern. Ein neues Funktionieren wird durch neue Regeln bewirkt.

Ein Beispiel für das Grundprinzip ist der Ersatz von ampelgeregelten Straßenkreuzungen durch Kreisel. Heute haben wir zwar die technischen Mittel dafür, beinahe beliebig komplizierte Kreuzungen digital und teilweise mit Sensoren auch intelligent und adaptiv zu regeln. Dies ist das eine Lösungsprinzip für einen funktionierenden Straßenverkehr. Viele dieser Kreuzungen können durch radikal einfache Kreisverkehrsregelung besser, organischer und billiger funktionieren. Dies ist das andere Lösungsprinzip. An die Stelle der Kommandosignale durch Ampeln tritt die Selbstregulierung der Autofahrer. Mit den beiden bekannten zwei Regeln für den Kreisverkehr wandert die Intelligenz für die Koordination von den Computern des Ampelsystems hin zu den Autofahrern, die dadurch befähigt werden, sich selbst zu organisieren.

Auch Symphonieorchester müssen nicht re-organisiert werden, um statt einer Mozart- eine Beethoven-Symphonie zu spielen. Man tauscht die Software aus: Die Notenblätter, die das Spielen der Musiker regelt. Control und Koordination der Musiker und Musikerinnen sind auf einen Schlag radikal anders. Die Perfektion bleibt erhalten, obwohl keine einzige Tonfolge gleich geblieben ist. Voraussetzung dafür ist eine perfekte Ausbildung der Orchestermusiker, in der bis zum Erreichen des Niveaus der philharmonischen Weltklasseorchester keine Kompromisse gemacht werden. In der Managementausbildung haben wir bis heute noch nichts Vergleichbares.

Wie man an diesen Beispielen sieht, ist praktische Selbstorganisation also weit weniger geheimnisvoll als viele meinen. Und selbstorganisierende Fähigkeiten eines Systems sind auch weit weniger philosophisch als manche zu diesem Thema nahelegen. Die Konstanten im Wandel sind ganz bestimmte Regeln. In der Natur sind es die Naturgesetze. In Organisationen ist es die Systempolitik – oder systemkybernetische Governance –, die den Quantensprung von der Regulation zur Selbstregulation, von der Organisation zur Selbstorganisation auslösen. Es ist ein neues, grundlegend anderes

Verständnis von Management, das für das Funktionieren von komplexen Systemen ausgelegt ist.

Das ist der Übergang von einem kausal-mechanistischen zu einem systemkybernetisch-organischen Organisationsbild. An die Stelle vom Paradigma der Organisation als Maschine tritt das Paradigma der Organisation als lebender Organismus. An die Stelle der Fremdsteuerung durch das Kommandoprinzip tritt das Prinzip der Selbstregulierung.

Im Unternehmen sind die dafür nötigen Regulatoren die allgemeinen Zwecke, Werte und Regeln des Funktionierens. Diese Regulatoren sind das Ergebnis von normativen Entscheidungen. Normativ sind Entscheidungen, die originär, allgemein und zeitlos sind. Originär sind die unternehmenspolitischen Entscheidungen, weil sie nicht aus anderen Quellen abgeleitet werden können. Sie sind allgemein, weil sie alle Teile und Tätigkeiten einer Organisation betreffen. Sie sind zeitlos, weil sie so lange gelten, bis sie zu ändern sind – was wieder nur durch Grundsatzentscheidungen möglich ist. Hier ist somit für hochkomplexe Systeme der Ursprung der indirekten Lenkung, die ebenso mit dem System mitwächst, wie Nervensysteme mit dem Organismus wachsen, ja diesen dazu erst befähigen.

Nervensysteme für Organisationen: Viable System Model

Wie machen wir funktionale Silos durchlässig? Wie kann man die heutigen Matrixorganisationen zum Funktionieren bringen? Wie entbürokratisieren wir öffentliche Verwaltungen und internationale Organisationen? Und wie lösen wir die zähen, lähmenden Konflikte und Blockaden, die sich so häufig wie Krebsgeschwüre in den konventionellen Organisationsstrukturen herausbilden? Dies sind Kernfragen der Organisationskybernetik.

Eine der großen Entdeckungen in der Organisationskybernetik ist das Viable System Model (VSM), mit dem wir solche Fragen heute elegant lösen können. Wir verdanken dieses Modell Stafford Beer, mit dem mich seit Mitte der 1970er-Jahre eine lange Zusammenarbeit und Freundschaft verband. Das Viable System Model ist die abstrahierte Nachbildung (daher die Bezeichnung »Modell«) der Funktionalität des menschlichen Zentralnervensystems.

Das Viable System Model ist die Vorlage für die Innervierung einer Organisation. Das heißt, das VSM ist das General Purpose Template für die Implantierung eines kybernetischen Steuerungssystems in eine Organisation nach den Funktionsprinzipien des Zentralen Nervensystems. Es ist die ultimative Verwirklichung von Agilität und vielen weiteren Fähigkeiten für das Meistern und Nutzen von Komplexität. Damit werden die Controls für Anpassung und Meta-Anpassung integriert – die Hubs, die Operations Rooms, die kybernetischen Sensitivitätsmodelle und vieles mehr.

Neu-Verkabelung durch neue Nervensysteme

Die große Überraschung trat ein, als wir entdeckten, dass es damit möglich ist zu reorganisieren, *ohne etwas umzustellen.* »Wie bitte?«, wird man sagen. Ja! Der »Trick« ist, die einzelnen Organisationseinheiten neu zu »verkabeln«. Wenn eben Führungskräfte mit guten Gründen vor riesigen Re-Organisationen zurückscheuen, bei denen die physischen Elemente auch physisch geändert werden müssen, so sind sie doch nicht gegen eine neues Funktionieren dieser Elemente, wenn dies auf einem anderen, weit besseren, »schmerzfreien« Wege und viel schneller erreicht werden kann.

Wenn die nervöse Impulsgebung für das Herz nicht mehr ausreichend funktioniert, brauchen wir einen Herzschrittmacher. Wo sich dieser aber befindet, ist im Grunde egal. Vom Prinzip her könnte es eine Spezialklinik tausende Kilometer entfernt sein, deren Signale aus ihrer Cloud für genau dieses Herz kommen. Wenn es nötig wird, die Software zu verändern, dann wird dies ohne Herzoperation gemacht, vielmehr werden neue Updates von Betriebssystemen auf unsere Computer geladen, ohne dass man deswegen seine Programme ändern muss. Wichtig ist, dass die virtuellen »Kabel« vom und zum Herzen auf beiden Seiten richtig »angeschlossen« sind, damit die stimulierenden Impulse auf die physiologisch richtige Weise gegeben werden. Das Herz selbst bleibt an seinem bisherigen Ort. Nichts muss »re-organisiert« werden, sondern es wird »re-funktioniert«. Das Herz bekommt einen neuen Hub.

Was hier abenteuerlich klingen mag, sind für viele nicht nur medizinische Herausforderungen, sondern für Aufgaben in Luft- und Raumfahrt bereits Realität. Wir separieren das Reorganisieren der »anatomisch-physiologischen« Elemente vom »neurokybernetischen« Funktionieren. Die organisatorischen Potenziale für Flexibilität und Anpassungsfähigkeit, Erhöhung der Geschwindigkeit und Verbesserung der Performance sind enorm.

MOTIVATION DURCH SINN

»Vielleicht sogar noch eine Spur wichtiger als das Vertrauen anderer ist es aber, sich selbst zu vertrauen und sich selbst zu respektieren.«

SEIN BESTES GEBEN …

Positives Denken erfüllt – ungeachtet aller Magie, die man damit verbunden leider auch findet – eine bedeutsame Funktion. Es ist die Grundlage, um die Chancen zu sehen und sich von den letztlich selbstauferlegten Abhängigkeiten von seinen Stimmungslagen zu befreien.

Ergebnis einer grundsätzlich positiven und konstruktiven Einstellung ist es auch, dass man dort, wo man ist, sein Bestes gibt: Dort, wo man durch Schicksal, Zufall oder eigene Entscheidung hingestellt wurde. Ob es eine Spitzenleistung im absoluten Sinne ist, sei dahingestellt. Jedenfalls ist es *mein Bestes …!*

Das ist deshalb wichtig, weil zu viele Menschen aus den immer vorhandenen Begrenzungen der Umstände und den Limitationen der konkreten Situation, in der sie sich befinden, eine Berechtigung dazu abzuleiten scheinen, selbst nur begrenzt oder auch überhaupt nicht zu leisten; oder – umgekehrt – erst dann selbst zu leisten, wenn die Begrenzungen der Umstände beseitigt sind. Dazu fühlen sie sich aber nicht selbst aufgefordert, sondern sie warten so lange, bis andere es tun. Solche Leute haben immer recht schnell Begründungen darüber parat, was in einer Situation nicht möglich ist, was man nicht tun kann, was nicht erreichbar ist. Sie verweisen auf die vielen Schwierigkeiten, die sie sehen, oder darauf, dass die Mittel – etwa die Budgets – nicht ausreichen, um dieses oder jenes zu tun. Nicht hier, nicht jetzt und nicht mit dem, was vorhanden ist – so lautet ihre Devise.

Dem kann und muss eine andere Einstellung entgegengehalten werden: *Tu, was du tun kannst, mit dem, was du hast, und dort, wo du bist ...* Dass man vieles nicht tun kann, was man gerne tun möchte oder müsste, ist klar und hat im Grunde für jede Situation Gültigkeit. Der Fehler liegt darin, dies zum Anlass zu nehmen, überhaupt nicht zu handeln. Erwidert werden muss: *Tu wenigstens das, was du tun kannst ...*

Dass die Mittel nie ausreichen, um alles zu tun, was wünschenswert wäre, ist ebenso richtig. Es gilt – relativ – für jede Person und jede Organisation. Auch die besten und größten Organisationen stehen immer unter den Zwängen begrenzter Mittel, sei es Geld oder seien es Menschen. *Mache das Beste aus dem was da ist und höre auf, dich darüber zu beklagen, dass es nie genug ist* – das in etwa ist dieser Einstellung entgegenzuhalten.

Schließlich gibt es noch diejenigen, die zwar bekunden, handeln zu wollen, aber es immer auf später verschieben zu wollen: Nicht jetzt, sondern dann, wenn sie befördert werden; nicht auf ihrer jetzigen Stelle, sondern ihrer nächsten; nicht in dieser Firma, sondern in einer anderen. Das sind meistens faule Ausreden. Leute dieses Typs wollen ganz einfach nicht handeln. Daher schlage ich vor, seine Zeit nicht mit ihnen zu vergeuden. Man kann ihnen eine oder zwei Chancen geben, eine positivere Haltung anzunehmen. Wenn es noch junge Menschen sind, bemüht man sich etwas mehr, aber ebenfalls begrenzt.

Glücklicherweise gibt es noch immer genügend Menschen, die leisten *wollen,* denen man nicht erst lange erklären und beibringen muss, positiv zu denken. Auf diese muss man setzen, mit ihnen muss man zusammenarbeiten, und ihnen muss die Möglichkeit gegeben werden, Leistung zu erbringen. Sie müssen als Vorbilder sichtbar gemacht und als Maßstab aufgebaut werden. Organisationen, gleich welcher Art, in denen immer »motiviert« werden muss, in denen Menschen immer »Gründe« brauchen, um etwas zu tun, um sich überhaupt zu bewegen, *können* nicht funktionieren.

KONSTRUKTIVES DENKEN

Gute Führungskräfte denken positiv und konstruktiv. Wenn es anders nicht geht, dann zwingen sie sich dazu. Sie sind keine naiven Optimisten und sie verlassen sich nicht darauf, dass durch positives Denken Wunder passieren. Aber sie haben im Laufe ihres Lebens gelernt, dass man auch den schlechten Situationen die positiven Seiten abgewinnen muss. Das bedeutet nicht, dass sie immer Erfolg haben; sie wissen aber, dass negative Einstellungen und Erwartungen den Erfolg verhindern, während positive ihm zumindest eine Chance geben.

Die Fähigkeit, sein Denken und damit seine Einstellung und seine Erwartungen zu steuern, ist in zweierlei Hinsicht besonders wichtig: Denn sie führt von der Problemfokussierung zur Chancennutzung und von Fremdmotivation zu Selbstmotivation.

Zwar müssen Führungskräfte täglich Probleme lösen, Schwierigkeiten beseitigen und Hindernisse aus dem Wege räumen. Damit wird aber noch keine unternehmerische Leistung erbracht und noch kein Erfolg erzielt. Dies kann erst erwartet werden, wenn Chancen und Möglichkeiten genutzt werden, und dies wiederum setzt grundsätzlich positives Denken voraus. Welche Chancen stecken gerade in diesem Problem, und wie könnte man daraus eine produktive Gelegenheit machen? Das ist die Frage, die gute Führungskräfte unermüdlich stellen.

Das gleiche positive Denken lässt gute Führungskräfte auch nicht darauf warten, dass sie von jemandem oder von etwas motiviert werden; sie motivieren sich selbst. Auch wenn sie durch eine Lagebeurteilung zum Ergebnis kommen, dass die Situation schlecht ist, so fragen sie doch: Und was kann ich jetzt tun, damit sich etwas ändert?

Dies alles könnte man als Gesundbeterei, naives Wunschdenken oder Mystizismus abtun, wenn wir nicht die beeindruckenden Untersuchungsergebnisse hätten, die in der Psychologie zum so genannten »Pygmalion-Effekt« führen oder auch zu den Phänomenen der »sich selbst erfüllenden Prophezeiungen«. Allein die Erwartung eines Effektes kann eben diesen Effekt herbeiführen oder macht sein Eintreten jedenfalls wahrscheinlicher. Dies mag keine Gültigkeit haben in der Welt der Naturwissenschaften. Es ist aber Realität in der Welt der Kommunikation.

MOTIVATION DURCH SINN

Das Beste über Motivation

Kaum ein anderes Thema hat die Managementwelt in den letzten 40 Jahren so sehr beschäftigt wie die Motivation von Menschen. Es gab und gibt keine Führungsausbildung ohne dieses Thema. Auf die Frage, was die wichtigste Aufgabe von Führungskräften sei, antworten über 90 Prozent aller Manager »die Motivation von Mitarbeitenden«.

Bemerkenswert ist, fragt man weiter, wodurch Menschen motiviert werden, so wird die Lehre von Viktor E. Frankl (1905–1997) so gut wie nie genannt. Der österreichische Neurologe und Psychiater, Begründer der Logotherapie und Existenzanalyse, ist auch der Schöpfer der Lehre vom Lebenssinn. In meinen Seminaren verwende ich die Grundgedanken Frankls seit langem. Weniger als fünf Prozent der Führungskräfte kannten den Namen Frankls – und nur wenige kannten seine Lehre.

Mit Ausnahme von Abraham Maslow, der in den 1950er-Jahren eine Kontroverse mit Frankl austrug und ihm danach in einem Brief zustimmte, gibt es auch bei anderen bekannten Motivationstheoretikern keinen Hinweis auf Frankl, weder bei David McClelland, noch bei Frederick Herzberg, Conor McGregor oder Saul W. Gellerman. Hingegen hat Hugo Tschirky, Professor an der ETH Zürich, 1990 in seinem Buch *Führen mit Sinn und Erfolg* Frankl einbezogen. In meinem Studium habe ich den Namen Viktor Frankl nie gehört. Als ich seine Lehre vom Lebenssinn kennenlernte, war ich schon fast 40.

Aus meiner Sicht ist die Lehre von Viktor Frankl das Beste, was über Motivation bisher gesagt wurde, insbesondere für die Motivation in Organisationen. Als Führungskraft sollte man seine Lehre kennen, weil sie ein paar Irrtümer korrigiert, die in der üblichen Motivationslehre für Manager enthalten sind, zum Beispiel Maslows Selbstverwirklichungsmotiv. Ob man Frankls Lehre dann akzeptieren will, mag eine andere Frage und eine persönliche Entscheidung sein.

Kurz gefasst sagt Viktor Frankl, dass der Mensch durch die Suche nach Sinn motiviert wird. Seine Lehre und die darauf aufbauende Therapie bezeichnet er als »Logotherapie« (Logos = Sinn). Gelegentlich wird diese Richtung auch als die Dritte Österreichische Schule der Psychotherapie bezeichnet (die erste ist jene von Sigmund Freud und die zweite jene von Alfred Adler). Diese Zuordnung halte ich für irreführend.

Der Mensch ist nach Viktor Frankl motiviert durch Sinn und durch die Suche nach Sinn. Er zitiert Friedrich Nietzsche: »Wer ein Warum zu leben hat, erträgt fast jedes Wie.« Wenn der Mensch – so sagt Frankl – Sinn gefunden hat, wenn und solange er einen Sinn in etwas zu erblicken vermag, ist er zu Höchstleistungen bereit und ist sogar zu solchen fähig, die als fast übermenschlich angesehen werden können, und er ist bereit und fähig, Opfer zu bringen und Verzicht zu leisten. Frankl weiter: »Kann der Mensch aber keinen Sinn mehr in seinem Leben finden, dann verliert er seine Leistungsbereitschaft und Leistungsfähigkeit, und er ist dann sogar bereit, sein Leben wegzuwerfen. Er gibt sich auf und nicht selten beendet er dann sein Leben selbst.«

Viktor Frankl geht mit seiner Lehre an die tiefsten Wurzeln menschlicher Existenz. Für Menschen als Führungskräfte und für Mitarbeitende in Organisationen ist nur ein Teil seiner Lehre bedeutsam. Dieser Teil ist aber wichtig. Für Führungskräfte *als Menschen* aber, und vor allem für jene *Menschen*, für die man als Führungskraft Verantwortung hat, ist seine ganze Lehre wichtig.

Besondere Glaubwürdigkeit

Seit ich seine Auffassungen kenne, war Viktor Frankl schon deshalb für mich wichtig, weil er aufgrund seines eigenen Lebens und seiner Erfahrungen für mich glaubwürdig war. Er selbst überlebte Auschwitz, seine Familie nicht. Nach seiner Befreiung publizierte er ein Büchlein: *Trotzdem ja zum Leben sagen. Ein Psychologe erlebt das Konzentrationslager*. Es ist eines der erschütterndsten, aber auch eines der menschlichsten Dokumente über die menschliche Leidens- und Leistungsfähigkeit. Es ist 1946 erschienen und wurde in Dutzende von Sprachen übersetzt und hat eine Gesamtauflage von mehr als 12 Millionen Exemplaren erreicht.

Nicht nur, dass Viktor Frankl selbst ein schweres Schicksal zu meistern hatte und daher aus eigener Erfahrung sprechen konnte, er hat es auch Zeit seines Lebens als Arzt und Psychiater mit Menschen zu tun gehabt, die Schicksalsschläge durchzustehen hatten – mit körperlich und seelisch durch Unfälle und Krankheiten schwerst geschädigten Menschen, mit Querschnittsgelähmten, Vierfachamputierten, mit Drogensüchtigen, Depressiven und solchen, die nach Selbstmordversuchen gerettet wurden.

Jemand, der solche Erfahrungen hat und dann darüber berichtet, wann und wodurch Menschen wieder motiviert werden, nicht nur das gewöhnliche Leben zu meistern, sondern auch extreme Situationen und Lebenslagen zu bewältigen, sollte gehört werden. Bemerkenswert ist vielleicht auch, dass Frankl nicht durch oder wegen seiner persönlichen Erfahrung zu seiner Sinnlehre kam. Er hatte sie vielmehr bereits in den 1920er-Jahren in Auseinandersetzung mit den Theorien Sigmund Freuds und Alfred Adlers entwickelt und sie dann überzeugend bestätigt durch seine eigenen Erfahrungen.

Das Wesentliche an der Sinnlehre von Viktor Frankl

Kurz gefasst ist seine Lehre folgende: Der Mensch ist ein Wesen auf der Suche nach Sinn. Die Sinnsuche ist seine bewegende Kraft schlechthin. Sinn kann aber von niemandem gegeben werden, sondern jede Person muss ihren Sinn für sich selbst suchen. Und schließlich sagt er, dass es für jeden Menschen einen Sinn in seinem Leben gibt, und dass ihn jede und jeder finden kann.

Man kann Menschen allerdings ihren Sinn nehmen. Man kann ihr Streben nach Sinn frustrieren und damit ihre wichtigste Kraftquelle zerstören. Dies nicht zu tun, sondern die Möglichkeiten zu schaffen, dass jeder Mensch Sinn finden kann – das ist daher eine der vornehmsten Aufgaben von Führungskräften. Es ist, wie ich meine, letztlich das einzige, was man zur Motivation von Menschen wirklich tun kann, und daher auch tun muss. Relativ dazu sind andere Motivationsmethoden nachrangig, denn ohne Sinn können sie nur wenig bewirken.

Viktor Frankl gibt sich nicht zufrieden mit einer großen Fragestellung, sondern er gibt Antworten – bodenständige Antworten, einfache und verständliche. Er zeigt, als Ergebnis zahlreicher Forschungsprojekte, die international durchgeführt wurden, auf welchen Wegen Menschen Sinn in ihrem Leben finden. Das Ergebnis ist: Menschen finden ihren Sinn auf drei Hauptwegen. Der erste Weg ist für Management besonders wichtig. Der zweite Weg gehört in das Privatleben und der dritte bezieht sich auf die existentiellen, schicksalhaften menschlichen Grenzsituationen.

Menschen finden Sinn:

1. Im Dienst an einer Sache: durch das Erfüllen einer Aufgabe, durch das Erbringen einer Leistung, durch das Schaffen eines Werkes. Für Management und Führung liegen darin die Schlüssel zur Motivation.

2. Im Dienst an anderen Menschen: in der Hingabe an seine Familie, an Freunde, an Menschen, die auf Hilfe angewiesen sind. Dieser Weg zu Sinn kann zwar auch im Berufsleben vorkommen, in den Pflegeberufen, in der Medizin, in Form von Erfahrungen von besonderer Kollegialität und Hilfsbereitschaft, ist aber zumeist doch eher eine Sache des Privatlebens, der Lebenspartnerschaft und der persönlichen, zwischenmenschlichen Beziehungen.
3. Indem man ein Leiden in eine Leistung verwandelt – Frankl zeigt noch diesen dritten Weg auf: Der Mensch findet Sinn dadurch, dass er ein Leiden in eine Leistung verwandelt; dadurch, dass sie oder er Zeugnis ablegt von der vielleicht menschlichsten aller menschlichen Leistungen, nämlich ein schweres Schicksal in Würde zu meistern.

Selbstverwirklichung, wodurch?

Etwas vom Wichtigsten an Frankls Lehre ist, dass er überzeugend darstellt, dass die Suche nach Sinn mit *Selbsttranszendenz* zusammenhängt. Damit, dass der Mensch über sich selbst hinauslangt, sich selbst zurückstellt und in den Dienst von etwas anderem, Wichtigerem tritt.

Er steht damit in Gegensatz zu den *Selbstverwirklichungslehren*, die so weit verbreitet sind und deren Ursprung die berühmte Motivationstheorie von Abraham Maslow ist, die bekannteste aller Motivationstheorien. Und nun können wir Maslow mit Frankl in eine schöne Verbindung bringen. Das Finden von Sinn ist die höchste Form der Selbstverwirklichung, das sagen Maslow und Frankl gleichermaßen. Aber der Weg dazu ist bei Frankl ein anderer als bei Maslow.

Die Selbstverwirklichungslehren – wie sie meistens verstanden werden – können leicht zu Egozentrismus führen, dazu, dass der Mensch sich selbst in den Mittelpunkt seines eigenen Interesses stellt, was Maslow aber nicht wollte. Frankl sieht die Selbstverwirklichung hingegen genau umgekehrt. Der Mensch vergisst sich selbst auf seiner Suche nach Sinn und ist ganz seiner Aufgabe oder seinem Werk hingegeben – und findet dadurch zu Selbstverwirklichung – nicht zu Egozentrismus, sondern zu Lebenssinn.

Frankl vergleicht das an einer Stelle schön mit der Funktionsfähigkeit des menschlichen Auges. Das gesunde Auge sieht nichts von sich selbst. Und falls es etwas von sich selbst bemerkt, ist es krank – dann leidet es entweder an einem grauen oder an einem grünen Star; es sieht Wolken oder einen Lichthof und bemerkt damit seine eigene Funktionsstörung.

Frankl weist auf Umfragen hin, die zum Thema »Sinn« durchgeführt wurden, zur Frage, vor wem die Menschen den größten Respekt und die größte Achtung empfinden. Immer hat sich gezeigt, dass das nicht die Berühmtheiten unserer Zeit sind, die Medienstars, die Sportler, Politiker, Künstler usw., sondern dass es Menschen sind, die in selbstloser Weise anderen Menschen helfen und solche, die – wie gesagt – ein schweres Schicksal mit Würde meistern.

Das Streben nach Selbstverwirklichung und das Streben nach Sinn stehen also bezüglich Motivation in einem Zusammenhang. Jedoch was das ist und wie man es erreicht, darüber sind die Meinungen von Maslow und von Frankl genau gegensätzlich. Selbstverwirklichung durch Sinnfindung im Sinne Frankls und Selbstverwirklichung durch Egozentrismus sind grundverschieden. Maslow hat nach Diskussionen mit Frankl diesem übrigens öffentlich und auch schriftlich zugestimmt. Diese Tatsache gelangte aber nicht in die gängigen Darstellungen der Motivationslehre von Abraham Maslow, wie sie millionenfach in Seminaren gelehrt wird.

Was ist Sinn?

Es fehlt noch ein kleiner, wichtiger Baustein zur Sinnfrage. Die Wege, auf denen Sinn gefunden wird, sind klar, und – was besonders erfreulich ist – es sind Wege, die für jede und jeden offenstehen. Es sind keine großen, abstrakten, philosophischen Entwürfe, sondern praktische Wege.

Was ist Sinn? Frankl vergleicht die Sinnfindung mit dem Erkenntnisprozess der so genannten *Gestaltwahrnehmung*. Bei der Gestaltwahrnehmung springt uns eine Figur vor einem Hintergrund in die Augen. Bei der Sinnfindung, so Frankl, geschieht etwas Ähnliches: Wir erkennen eine Möglichkeit vor dem Hintergrund der Wirklichkeit – eine Möglichkeit, hier und jetzt etwas zu tun, die Situation zu verändern, etwas zu bewirken. Ist es nicht das, was den Wesenskern der Tätigkeit von Führungskräften und Unternehmern ausmacht? Etwas zu tun, die *Möglichkeit* vor dem Hintergrund der Wirklichkeit zu ergreifen und die Situation, so wie sie sich hier und jetzt stellt, zu ändern, zu nutzen und zu gestalten?

Selbstverantwortung

Die logische Konsequenz von Frankls Lehre vom Sinn ist die individuelle *Selbstverantwortung* des Menschen. Seine Leitfragen dazu sind: Wer soll es tun, wenn nicht ich selbst? Und wann soll ich es tun, wenn nicht jetzt?

Frankl wendet sich daher auch gegen die weitverbreiteten »Entschuldigungsphilosophien« – wie er sie nennt. Damit ist die vor Jahrzehnten entstandene Haltung gemeint, die Gründe für Fehler und Versagen nicht bei sich selbst, sondern bei den »Umständen« zu suchen. Die Eigenverantwortung wird weggeschoben. Ursachen und Schuld werden der Gesellschaft zugeschrieben, einer unglücklichen Kindheit, schlechten Lehrern, den Organisationsstrukturen, inkompetenten Chefs, bösen Kollegen oder was immer es sonst an Umständen geben mag.

Ist nicht auch das, nämlich das Akzeptieren der *eigenen* Verantwortung und der Verzicht auf Ausreden und Alibis eine der Haltungen, die wir von Führungskräften erwarten – und als *Werte* verlangen? Dieses Element der Selbstverantwortung ist auch die Basis für echten Humanismus im Gegensatz zum Scheinhumanismus der Wehleidigkeit, der Ausreden, Alibis und Fluchtwege.

Konsequenz für die Führung

Wenn Frankls Lehre im Kern stimmt, dann gehört es zu den Aufgaben jeder Führungskraft, für Mitarbeitende Möglichkeiten zu schaffen, Sinn zu finden. Ich sage ausdrücklich nicht, Sinn zu geben. Frankls erstem Weg entsprechend kann man das dadurch tun, indem man den Mitarbeitenden große Aufgaben gibt und die Möglichkeit, eine für sie individuell sinnvolle Leistung zu erbringen.

Motivationsmethoden, Incentive-Systeme, Belohnungsstrategien und dergleichen brauchen deswegen nicht aus der Welt der Organisationen zu verschwinden, sondern sie müssen richtig gehandhabt werden. Reinhard K. Sprengers Buch *Mythos Motivation* hat daher zu Recht große Beachtung gefunden.

Das Hauptproblem der tayloristischen Arbeitsformen, die man seit langem überall zu überwinden bemüht ist, ist weniger die Monotonie der Arbeit und ihre Beschwernis als der Umstand, dass die Menschen darin keinen Sinn mehr zu erblicken vermögen. Und statt des Begriffes der »Entfremdung der Arbeit« hätte man vielleicht besser »Sinnleere« gesagt. Die Lösungen hätten dann auf der Hand gelegen.

Wenn man will, dass Menschen in ihrer Arbeit Sinn sehen und Sinn finden können, dann muss man ihnen heute immer besser erklären, welchen Sinn eine Arbeit für das *Gesamtunternehmen* hat, und welchen Sinn eine Arbeit für den *Kunden* hat. Selbst weniger angenehme und durchaus belastende Arbeiten könnten dadurch, wenn schon nicht leichter, so doch sinnvoller werden und sie könnten somit auch erträglicher sein.

Man erinnere sich an Nietzsches Ausspruch: »Wer ein Warum zu leben hat …« Die Befassung mit Frankls Sinnlehre ist für Führungskräfte aber noch aus anderen Gründen als jenen der Mitarbeiterführung wichtig. Ich sehe zwei zusätzliche, wichtige Gründe dafür: Woher bekommen Führungskräfte selbst die Kraft, jeden Morgen neu aufzustehen und sich immer wieder den Anforderungen der Realität zu stellen? Dass Manager Mitarbeitende motivieren sollen, ist akzeptiert. Wer aber motiviert die Manager? Wir müssen die Frage anders stellen: »Nicht *wer*, sondern *was* motiviert sie?« Man kann es sich leichtmachen und sagen, »das Geld« oder das, was man sich dafür kaufen kann, oder Macht und Einfluss. Fast alle sagen mir aber mit diesen oder ähnlichen Worten: Ich habe das große Privileg, eine sinnvolle Aufgabe zu haben.

In diesem Zusammenhang möchte ich darauf hinweisen, dass in der neueren Führungs- und Motivationsliteratur aus den USA immer öfter das Wort »Purpose« vorkommt und von vielen dann so auch gleich im Deutschen verwendet wird, ohne es zu übersetzen. Aus dem Zusammenhang ist aber meistens klar, dass es nicht *purpose* sondern *meaning* heißen sollte. Zwar kann *meaning* oft auch mit »Zweck« übersetzt werden (»Warum«, »Why«), aber *purpose* kann nur selten für »Sinn« stehen.

UNABHÄNGIG WERDEN VON FREMDMOTIVATION

Ich schlage vor, in die Unternehmenskultur den Gedanken der Unabhängigkeit von Fremdmotivation einzubringen. Genauer – man sollte sich von der Vorstellung lösen, dass es immer jemand anderen gibt – einen Chef oder sonst jemanden, der einen motiviert. Selbst wenn man es akzeptieren will, dass das eine brauchbare Vorstellung für Menschen an sich sein könnte, so ist diese Vorstellung nicht besonders gut geeignet für Führungskräfte.

Wer Führungskraft sein will, sollte einen Schritt weiter gehen: Führungskräfte müssen von Motivation durch andere zu Selbstmotivation vorangehen. Wer darauf wartet, von anderen motiviert zu werden, wird zu oft enttäuscht. Man bleibt abhängig von anderen; man bleibt ein Leben lang ein Geführter, im Grunde ist man Dienstbote, auch wenn man durch Zufall, glückliche Umstände, vielleicht auch falsche Personalentscheidungen in höhere Positionen kommen sollte.

Wer auf die Motivation durch Dritte wartet, wird häufig herbe Enttäuschungen erleben, denn es wird nicht ständig jemand anderen geben, der sie oder ihn motiviert. Mein Vorschlag ist daher, ganz im Widerspruch zur gängigen Vorstellung: *Mache dich innerlich unabhängig von der Motivation durch andere! Lerne, dich selbst zu motivieren!*

Wirkliche Menschlichkeit im Management und echte Leistungsorientierung erfordern es, dass man nicht nur sich selbst motiviert, sondern dass man auch möglichst vielen seiner Mitarbeitenden diesen Weg aufzeigt, insbesondere jenen, die ihrerseits wiederum Menschen führen müssen, um auch diese zu befähigen, sich ebenfalls selbst zu motivieren.

DIE LEIDENSCHAFT FÜR DAS MÖGLICHE

Einer meiner Freunde, der brillante Soziologe Peter Gross an der Universität St. Gallen, sagte einmal, Management sei die Leidenschaft für das Mögliche. Das passt gut zu Umbruchs- und Aufbruchszeiten. Umbrüche öffnen Möglichkeiten, indem sie Altes verdrängen und Raum für Neues schaffen. Und Management, wie ich es verstehe, ist die gesellschaftliche Funktion, dieses wirksam zu tun, diese Möglichkeiten zu nutzen und sie in Wirklichkeiten umzuwandeln.

Je besser man in seinem Beruf wird, desto mehr Freude kann man daran haben. Das wird zwar nicht jeden Tag so sein, aber oft genug, um daraus Kraft und die Zuversicht zu schöpfen, dass man auch zukünftig immer größeren Aufgaben immer besser gewachsen sein wird. Man wird souverän in der Erledigung seiner Aufgaben. Man hat die Dinge unter Kontrolle. Man wird effektiver. Auch wenn man sehr viel Arbeit hat, entsteht deswegen noch lange nicht jener Stress, der das Leben beeinträchtigt.

Daher noch einmal: Setze es dir selbst zum Ziel, in deinem Beruf als Führungskraft in der Neuen Welt so gut zu werden, dass du keinen Stress hast. Werde so wirksam und professionell, dass du dir immer größere und höhere Aufgaben zutrauen kannst und gerade deshalb auch Zeit für ein gutes Leben hast!

Die Freude an einer Aufgabe ist einer der Wege, das vielleicht Wichtigste im Leben zu erreichen, das weit über Motivation und Geld hinausgeht: Seinen eigenen Lebenssinn zu finden, wie es von Viktor Frankl aufgezeigt wurde.

Für Führungskräfte kommt noch eine weitere Sinndimension hinzu. Den Sinn des eigenen Tuns darin zu sehen, dass man für andere Menschen die Möglichkeit schafft, dass diese in ihren Aufgaben für und in den Organisationen unserer Gesellschaft auch ihren eigenen Sinn finden.

SELBSTVERTRAUEN UND DAS VERTRAUEN ANDERER

Um richtig und wirksam führen zu können, brauchen Führungskräfte das Vertrauen und den Respekt anderer, den Respekt ihrer Mitarbeitenden und Kollegen, und auch den ihrer eigenen Chefinnen und Chefs. Vielleicht sogar noch eine Spur wichtiger als das Vertrauen anderer ist es aber, *sich selbst* zu vertrauen und *sich selbst* zu respektieren. Das ist sogar eine der Voraussetzungen dafür, Vertrauen und Respekt anderer zu erlangen.

In den meisten Managementlehren kommen Selbstvertrauen und Selbstrespekt zu kurz, und meistens kommen sie gar nicht vor. Es wird fast nur davon gesprochen, wie man als Chefin oder Chef das Vertrauen und den Respekt der Mitarbeitenden gewinnen kann. Vielleicht geht man davon aus, dass Menschen in Führungspositionen ohnehin selbstsicher genug sind, um mit Selbstvertrauen und Selbstrespekt keine Probleme zu haben.

Diese Annahme stimmt längst nicht für alle. Meine Erfahrung aus der Zusammenarbeit mit recht vielen Führungskräften ist eine andere. Mehr Führungskräfte als man glaubt, sind oft unsicher, sowohl im Privatleben als auch als Vorgesetzte. Sie fühlen sich in ihren Funktionen nicht wohl, unter anderem weil viele nicht ausreichend dafür vorbereitet wurden. Sie scheuen zurück vor Mitarbeitergesprächen; geben nur ungern Feedback; haben nicht gelernt, Entscheidungen zu treffen und tun es daher auch nicht gerne. Es kommt hinzu, dass insbesondere hochausgebildete Fachleute – besonders Naturwissenschaftler, Ingenieure und Mediziner – im Grunde lieber in ihrem Fach arbeiten, als Führungsarbeit zu machen. Sie lieben ihre Wissenschaft, das ist ihre Welt, aber Management gehört nicht unbedingt automatisch auch dazu.

Die Mitarbeiter merken diese Unsicherheiten und so kann man kaum erwarten, dass sie einem solchen Chef ihr Vertrauen in Führungsangelegenheiten entgegenbringen. Hingegen vertrauen sie trotzdem in dessen Fachkompetenz.

Dabei ist es recht einfach: Die Quellen von Selbstvertrauen und Selbstrespekt sind fast immer die bisher erbrachten Leistungen – die Ergebnisse, die man erzielt hat, und zwar sowohl Fach- als auch Führungsergebnisse. Dabei stechen zwar die großen, für die anderen sichtbaren Leistungen naturgemäß hervor. Es müssen aber nicht immer die großen Würfe sein. Oft sind es scheinbar kleine Dinge, die vom Umfeld vielleicht nicht einmal wahrgenommen werden, die aber für einen selbst hohes Gewicht haben können.

Ein noch junger Biochemiker hat von den Teilnehmern fast immer als chaotisch empfundene Sitzungen gemacht, die ihm das auch deutlich signalisierten. Er litt darunter, und am liebsten hätte er seine Aufgabe als Teamleiter zurückgegeben und sich im Labor verkrochen. Er hatte richtig Angst vor diesen Sitzungen. Per Zufall habe ich ihm ein paar kleine Tipps für den Aufbau einer guten Tagesordnung und für die Sitzungsleitung geben können. Wie ein kleiner Junge hat er mich nach der Sitzung angerufen und sich bedankt, weil die Sitzung diesmal so effektiv war. Dieses kleine Ereignis hatte für ihn eine enorme Bedeutung. Er fasste Vertrauen zu sich selbst, und so kam eine positive Spirale in Gang. Selbst-Vertrauen ist das vielleicht wichtigste Mittel gegen Angst. Und zwar jenes Selbstvertrauen, das durch Leistung gerechtfertigt ist.

Vertrauen in Organisationen

Mit dem Thema Vertrauen sind einige tief verwurzelte Missverständnisse verbunden. Das erste ist, dass man die Bedeutung von Vertrauen übersieht, weil man auf Motivation fixiert ist. Das zweite ist, dass man Vertrauen als eine Frage von *Emotionen* und der Psychologie versteht. Und das dritte Risiko ist die Verwechslung von »*Ver*trauen« und »*Zu*trauen«.

Es gibt Führungskräfte, die – wenn man das Lehrbuch als Maßstab nimmt – scheinbar alles falsch machen und dennoch eine ausgezeichnete Situation in ihren Führungsbereichen haben, ein »gutes Klima« und leistungsorientierte Mitarbeiterinnen und Mitarbeiter. Und es gibt andere, die dem Anschein nach alles richtig machen, alles gemäß üblicher Ausbildung tun, auch die Empfehlungen zum Führungsstil und zu den Motivationslehren kennen und diese auch beherzigen, aber dennoch das Gegenteil erreichen: eine schlechte Stimmung in ihren Verantwortungsbereichen, frustrierte Mitarbeiter und eine leistungsreduzierende Unternehmenskultur. Wie ist das zu erklären?

Robuste Leadership-Situationen

Geht man der Sache auf den Grund, stellt sich fast immer heraus, dass die wesentlichen Aspekte nicht Motivation und Führungsstil sind, sondern die Frage, ob die Menschen ihrer Chefin und ihrem Chef vertrauen. Denn, wenn und insoweit eine Führungskraft das Vertrauen ihrer Mitarbeitenden, Kollegen und Vorgesetzten zu gewinnen und zu erhalten verstanden hat, spielen andere Dinge eine vergleichsweise untergeordnete Rolle. Denn diese Führungskraft hat dann etwas entwickelt, was ich eine *robuste* Führungssituation nenne. Robust wogegen? Robust gegen die die vielen Fehler, Führungs-, Verhaltens- und Motivationsfehler, die in vielen Organisationen täglich passieren.

Nicht, dass man solche Fehler entschuldigen oder rechtfertigen dürfte ... Aber sie können passieren – auch den besten Managern und Leadern, ohne dass diese es wollen und meistens sogar, ohne dass sie es merken. Die Frage ist somit nicht, ob Führungsfehler passieren oder nicht. Sondern die Frage ist, wie schwer diese wiegen. Kann man sie wegstecken?

Organisationen brauchen ein erhebliches Maß an »Dickfelligkeit«, wenn sie funktionieren sollen. In Unternehmen, besonders in gut geführten, ist man nicht besonders »empfindsam«. Man nimmt sich dafür nicht allzu viel Zeit. Wenn alles, was passiert, ständig auf die Goldwaage gelegt wird und wenn alles, was gesagt oder auch nicht gesagt wurde, ständig hinterfragt wird, dann funktioniert bald nicht mehr vieles so, wie es sein sollte. Leader müssen keine fehlerfreien Menschen sein. Solange sie das Vertrauen der Menschen haben, werden Fehler toleriert.

Wenn Vertrauen fehlt

Ohne ein Minimum an gegenseitigem Vertrauen funktioniert eine Organisation nicht. Die Logik der Situation ist ebenso einfach wie zwingend: Wenn und solange Vertrauen gegeben ist, braucht man sich über Motivation, Betriebsklima und Unternehmenskultur keine übermäßigen Sorgen zu machen. Trotzdem soll man sich darum kümmern.

Wichtiger ist aber: Fehlt es an Vertrauen, dann bleiben die anderen Maßnahmen wirkungslos – ja, häufig verkehren sie sich ins Gegenteil. Motivationsmaßnahmen *und* -programme für die Unternehmenskultur werden dann häufig eher als besonders raffinierte Formen der Manipulation und manchmal auch als Zynismus verstanden. Gegenseitiges Vertrauen ist zwar nicht die einzige Grundlage, aber sie darf als die wichtigste Grundlage einer menschengerechten, vor allem funktionierenden Form von Führung nicht fehlen.

Vertrauen und Emotionen sind verschieden

Vertrauen und auch dessen Gegenteil, Misstrauen, sind entgegen allgemeiner Meinung keine emotionalen Phänomene, obwohl mit beiden gewisse und zum Teil sehr starke Gefühlslagen verbunden sind.

Es ist auch unnötig, sofort von »Vertrauenskultur« oder einer »Misstrauenskultur« zu sprechen, wie das so oft geschieht. Vertrauen, wie es im Zusammenhang mit Führung wichtig ist, beruht nicht auf bestimmten Gefühlslagen, obwohl es solche erzeugen kann. Sondern Vertrauen folgt aus der Logik einer Situation. Vertrauen entsteht aus konsistentem, widerspruchsfreiem Handeln, aus Verlässlichkeit und dem, was man als charakterliche Integrität zu bezeichnen pflegt. Das ist zwar ein großer Begriff, was sich aber letztlich dahinter verbirgt, ist etwas Einfaches, was im Prinzip jede Führungskraft leisten kann: *Meinen, was man sagt, und auch entsprechend handeln. Halten, was man verspricht.*

Zwei weit verbreiteten Missverständnissen sei vorgebeugt: Man beachte, dass zu meinen, was man sagt, nicht bedeutet, *alles* zu sagen, was man *meint*. Das wäre in der Wirklichkeit heutiger Organisationen naiv. Als Führungskraft wird man zu überlegen haben, *was* man sagt, zu *wem* und *wann*. Wenn man sich aber entschließt, etwas zu sagen, dann muss es auch so gemeint sein.

Und man beachte zweitens, dass das nicht heißt, dass man seine Meinung nicht mehr ändern darf. Man darf und es wird, besonders in einer Transformationsphase, sogar öfter der Fall sein müssen als früher, weil sich die Lage in den meisten Organisationen heute rascher verändert als vielleicht je zuvor. Aber man sollte auch *sagen*, dass man seine Meinung geändert hat. Und wenn man gut führen will, wird man seine Meinungsänderung auch noch begründen und eventuell vorher mit seinen Mitarbeitenden besprechen.

Vertrauen als Katalysator für Motivation

Aus dem Gesagten folgt nicht, dass Vertrauen an die Stelle von Motivation tritt oder dass Vertrauen dasselbe wäre wie Motivation. Die Sache liegt anders: Zweifellos ist es umso besser, wenn zum Vertrauen zusätzlich auch noch Motivation tritt. In aller Regel ist es unter dieser Bedingung auch kein großes Problem, zu motivieren. Die Bedeutung der obigen Beobachtung zeigt sich im *negativen* Falle dann, wenn *kein* Vertrauen gegeben ist: Unter diesen Umständen ist es meistens vergeblich, motivieren zu wollen. Jegliche Motivationsversuche verpuffen wirkungslos, wenn nicht ein Minimum an Vertrauen gegeben ist und, wie erwähnt, nicht selten – sogar häufig – verkehren sich die Motivationsversuche dann ins Gegenteil.

Vertrauen ersetzt nicht Motivation. Sondern Vertrauen wirkt als »Katalysator« für Motivation. Motivation kann überhaupt erst dann wirken, wenn Vertrauen gegeben ist. Aus genau diesem Grund sind so viele wohlgemeinte und fachlich durchaus kompetent angelegte Motivationsprogramme zum Erstaunen der Initiatoren wirkungslos oder gar kontraproduktiv.

Ver-trauen und Zu-trauen

Ein letzter Aspekt – Vertrauen und Zutrauen: Diese beiden Begriffe werden so oft verwechselt und häufig mit oft sehr unangenehmen Folgeerscheinungen, dass ich empfehle, darauf besonders zu achten. Der Unterschied erscheint oft sehr fein zu sein. In seinen Auswirkungen kann er aber gravierende Folgen haben.

Wenn ein Manager einem seiner Mitarbeiter eine Aufgabe nicht *zu-traut*, so heißt das nicht, dass er oder sie diesem Mitarbeiter nicht *ver-traut*. Oft sogar im Gegenteil. Denn Zu-trauen hat vorwiegend mit den aktuell gegebenen *fachlichen* Kompetenzen einer Person zu tun; Ver-trauen hingegen hat mit persönlicher Integrität und Verlässlichkeit zu tun. Wenn man einem Mitarbeiter eine Aufgabe vorerst (noch) nicht zutraut, weil dieser zum Beispiel noch zu wenig gut Englisch kann, dann schützt man ihn und das Unternehmen vor Schaden, Enttäuschungen und Versagen. Das bisherige Vertrauen braucht davon überhaupt nicht berührt zu sein.

KOPF ODER BAUCH?

Intelligenz oder Intuition? Denken oder Fühlen? Viele schätzen ihren »Bauch« als höhere und bessere Entscheidungsinstanz ein als ihren Kopf. Im Privatleben mag es jeder und jede halten, wie er oder sie es will. Geheimnisvolle Intuition statt durchdachte Entscheidung wird aber auch Führungskräften empfohlen – in Seminaren, Coachings, Büchern und Medien. Als Beweis für die Bedeutung von Bauchgefühl und Intuition (ist das eigentlich dasselbe?) wird vorgebracht, dass die Mehrheit von Führungskräften in Befragungen angibt, ihre Entscheidungen aus dem Bauch heraus zu treffen.

Abgesehen von den Fehlerquoten in den gefühlsmäßigen Partnerwahlentscheidungen (man denke an die Scheidungsquoten) und den Bauchentscheidungen an den Finanzmärkten (man analysiere die Kontostände) genügen ein paar einfache Tests, um die Mängel gefühlsmäßiger Beurteilungen und Entscheidungen zu sehen.

Außerhalb klimatisierter Räume sind nur wenige fähig, gefühlsmäßig eine richtige Temperaturangabe zu machen. Was subjektiv als warm oder kalt angesehen wird, zeigt sich auf dem Thermometer mit seiner »verkopften« Objektivität ganz anders. Ähnlich ist es bei Zeitschätzungen. Was man »Zeitgefühl« nennt, liegt meist so hoffnungslos daneben und ist so sehr von der Situation geprägt, dass es unbrauchbar ist. Gefühlsmäßig erscheinen zehn Minuten beim Zahnarzt oft endlos, aber zwei Stunden spannender Fußball vergehen im Flug.

Im Bereich komplexer Systeme hat Jay Forrester in seinen bahnbrechenden Systemstudien am MIT gezeigt, dass komplexe Systeme *kon-*

traintuitiv sind, wie er es treffend nannte. Sie gefühlsmäßig erfassen, verstehen und ihr Verhalten gar voraussagen zu wollen, ist ziemlich riskant.

Bauchentscheidungen

Bemerkenswert ist, dass es keine wissenschaftliche Untersuchung gibt, die die Überlegenheit des Bauches gegenüber dem Kopf in jenen Punkten nachgewiesen hätte, die für das Topmanagement am wichtigsten sind. Dort geht es um weitreichende, riskante und zudem um komplexe Entscheidungen. Vor allem geht es um richtige Entscheidungen.

Bei allen Mängeln, die auch der Verstand des Menschen im Allgemeinen aufweist, gibt es dennoch keinen überzeugenden Nachweis dafür, dass Emotionen – in Zusammenhang mit dem Verstehen komplexer Systeme, den darin erforderlichen Entscheidungen und ihrem Management – den Verstand ersetzen könnten.

Interessant ist in diesem Zusammenhang auch, dass der Doyen der deutschen Hirnforschung, Wolf Singer, klar sagt: *Wir haben keine Intuition für Komplexität.* Management und gar Leadership beginnen dort erst, wo wir mit rein ökonomischer Rationalität nicht mehr weiterkommen, aber *dennoch entscheiden müssen.* Denn auch nicht zu entscheiden, ist eine Entscheidung. Es entscheidet »sich« dann eben!

Langjährige Erfahrung

Von Bauchgefühlen unterscheiden muss man jedoch jene Entscheidung, die aufgrund langjähriger Erfahrung auf einem Gebiet getroffen werden. Erfahrene Führungskräfte können komplexe Sachverhalte schneller erfassen und geistig durchdringen als unerfahrene. Sie haben einen oft großen Vorrat an Erfahrungswissen. Auf diesem können sie aufbauen.

Gerade Menschen mit großer Erfahrung verlassen sich nicht auf ihre Gefühle. Denn zu ihrer Erfahrung gehört es auch, dass sie sich oft genug auch getäuscht haben oder getäuscht hätten, wenn sie aus dem Bauch entschieden hätten. Unter den Tausenden von hohen und höchsten Führungskräften, mit denen ich an komplexen Entscheidungen gearbeitet habe, gab es nur wenige, die ihre wichtigsten Entscheidungen aus dem Bauch getroffen haben. Dazu waren sie sich der Risiken viel zu bewusst und waren zu verantwortungsvoll.

Schnelle und daher meistens spontane Entscheidungen werden oft mit Intuition begründet und es ist selbst für die besten Führungskräfte verlockend, auf ihre Intuition stolz zu sein. Aber wirklich gute Manager haben ein gespaltenes Verhältnis zur Intuition. Zweifellos gibt es so etwas wie Intuition und mit ihr verbunden ein starkes Gefühl der subjektiven Gewissheit. Das Problem ist aber nicht, ob es Intuition gibt oder nicht. Das Problem – ich sagte es schon – besteht darin, *im Voraus* zu wissen, welche unserer Intuitionen richtig sind und welche sich als falsch erweisen werden.

Subjektive Gewissheit ist zwar oft ein starkes Gefühl, aber sie ist auch ein gefährlicher Ratgeber. Sie kann nämlich genauso gut falsch wie richtig sein. Man kann zu langsam entscheiden und die Organisation damit lähmen – das ist mir bewusst. Man kann aber auch zu schnell und aus dem Bauch entscheiden und damit ein Desaster anrichten. Das Abwägen von Tempo und Gründlichkeit ist eines jener Managementprobleme, für dessen Lösung sich keine Formel angeben lässt. Das braucht *Urteilskraft* (die man schärfen kann), *Erfahrung* (deren Erwerb Zeit braucht) und sehr viel *Sachkenntnis* (die man nicht durch flotte Sprüche ersetzen kann).

Die »innere Stimme« als Ratgeber

Eine Empfehlung für etwas, was man Intuition nennen kann, will ich aber doch geben, die für den *letzten* – nicht den ersten (!) – Schritt des Entscheidens nützlich ist. Ich rate Führungskräften, sich selbst erst nach Abschluss aller Analysen die Gelegenheit zu geben, auf einen speziellen und ganz preisgünstigen Berater zu hören: auf ihre innere Stimme.

Um das möglich zu machen, muss man der inneren Stimme eine Chance geben, sich zu melden. Wie man das macht, hängt vom Einzelnen selbst ab. Manche müssen »noch einmal darüber schlafen«. Wenn die innere Stimme – besonders nach speziell gründlicher Befassung mit einer Entscheidung – deutlich genug sagt: »Hier stimmt etwas nicht«, dann empfehle ich, jede Möglichkeit wahrzunehmen, noch einmal von vorne zu beginnen. Zu dieser inneren Stimme kann man *Intuition* sagen. Allerdings verwende ich diesen Begriff in meiner Managementlehre mit äußerster Zurückhaltung.

Zusammengefasst: Erstens, weil Forschungsergebnisse auf diesem Gebiet zeigen, dass Intuition ebenso oft falsch wie richtig ist. Zweitens, weil ich Intuition *nicht* für Mangelware für Auserwählte halte. Jeder Mensch hat etwas, das er Intuition nennt: Ahnungen, Gefühle, Stimmungen, Eingebungen. Das Problem ist aber, *im Voraus* zu wissen, wessen Intuition sich in welcher Situation als richtig erweisen wird.

Drittens, und das ist der entscheidende Unterschied: Ich gebe der Intuition eine andere Position im Entscheidungsprozess, nämlich nicht als Ersatz für das Denken, sondern als dessen Prüfstein. Intuition soll nicht am Anfang eines Entscheidungsprozesses stehen, sondern an dessen Ende. Nicht als bequemer Ersatz für die beschwerlichen Hausaufgaben. Sondern dann, wenn alle Hausaufgaben gemacht sind und weitere Befassung keine zusätzliche Information mehr bringen würde, dann ist Intuition wahrscheinlich hilfreicher und zuverlässiger, als wenn man der ersten spontanen Eingebung folgt.

ZUR ERINNERUNG: WARUM WIR WIRTSCHAFTEN ...

Der Hauptgrund unseres Arbeitens wird häufig schlichtweg übersehen, teilweise gar nicht mehr erkannt. Als Folge dessen wird auch der Wesenskern des »Wirtschaftens« nicht verstanden. Das ist gefährlich, sobald einschneidende Reformen die vermeintlichen Besitzstände der Wohlstandgesellschaft notwendig sind. Warum arbeitet der Mensch? Warum *wird überhaupt* gewirtschaftet? Warum auf eine bestimmte Weise?

Arbeiten und Wirtschaften werden durchwegs mit bestimmten Formen menschlichen Strebens und Wollens erklärt: Der Mensch will, so hört man, Bedürfnisse befriedigen. Als Konsument strebt er nach Nutzen oder nach der Erfüllung seiner Wünsche. Als Unternehmer will er Gewinne machen, oder wachsen oder beides. Die Mitarbeitenden werden tätig, weil sie motiviert wurden. Als Führungskräfte wollen sie produktiv und innovativ sein. Es sind also offensichtlich psychologische Elemente, die als Triebkräfte des Wirtschaftens angesehen werden. Das klingt nicht nur plausibel, sondern es ist auch weitgehend »herrschende Lehre«.

Ist es wirklich so? Sind es solche subjektiven Elemente des Wollens, Wünschens und Strebens, die den Druck in der Wirtschaft erklären? Wieso stellt man sich diesem Druck, statt ihm auszuweichen oder ihn zu ignorieren? Die Antwort lautet: Wegen des Wettbewerbes!

Diese übliche Wirtschaftsauffassung übersieht den mit Abstand wichtigsten Punkt: Menschen arbeiten, Unternehmer, Unternehmerinnen und Unternehmungen wirtschaften nicht deshalb, weil sie arbeiten oder wirtschaften wollen, sondern weil sie *müssen*. Sie stehen unter Zwang. Dieser folgt aus der ebenso schlichten wie zwingenden Tatsache, dass Menschen und Unternehmen Verpflichtungen eingegangen sind, wie der Höhe und der Zeit nach festgelegt wurden und zwangsweise erfüllt werden müssen. In anderen Worten: Sie haben Schulden! Ein Teil der Schuldverhältnisse wird freiwillig eingegangen. Er hätte auch vermieden werden können. Man hätte die entsprechenden Kaufakte – zum Beispiel Raten-, Leasing- oder Kreditkartenkäufe – auch aufschieben können. Sind die Schuldverhältnisse aber einmal entstanden, üben sie ihre unerbittliche und irreversible Wirkung aus: Es entsteht Erfüllungszwang. Die Entstehung von Verpflichtungen mag freiwillig sein. Ihre Abwicklung ist es nicht.

Damit allein könnte die Wirtschaft noch nicht verstanden werden. Der weitaus größere Teil der Schuldkontakte ist unfreiwillig geschlossen worden. Alle Produktion und alles Arbeiten müssen vorfinanziert werden. Käufer gibt es erst, nachdem produziert wurde, Lohn erst, nachdem gearbeitet wurde. Die Vorfinanzierung führt zu zwangsweisen Schuldkontakten und zu zusätzlichen Kosten, eben dem Zins. Ein Schuldner ist also gezwungen – völlig gleichgültig was sein Streben ist –, nicht nur das Darlehen zu erwirtschaften, sondern auch den darauf liegenden Zins.

NAVIGIEREN IN NEULAND

»Es ist nicht der Weg das Ziel,
sondern das Ziel ist das Ziel, auch
wenn dieses im Unbekannten liegt.
Und der Weg ist der Weg –
aber er existiert noch nicht,
sondern er entsteht beim Gehen.«

FAST ALLES WIRD ANDERS

Viele der heutigen Begriffe in Managementlehre und Managementpraxis sind nicht mehr brauchbar, weil sie das Neue falsch beschreiben und weil sie damit das Verstehen des Neuen *ver*hindern und damit den nötigen Fortschritt *be*hindern. Denn durch die Große Transformation21 wird sich fast alles ändern: *Was* wir tun, *warum* wir es tun, und *wie* wir es tun – und als Folge ändert sich auch, *wer* wir sind. Rückblickend könnte es die historisch größte Umwandlung der Geschichte sein, größer als die industrielle Revolution, als Renaissance und Reformation, und größer als die Umwandlungen der davor liegenden Transformation des 13. Jahrhunderts.

Die Große Transformation21 findet weltweit statt und sie erfasst alle Bereiche der Gesellschaften, insbesondere ihre Millionen von Organisationen.

Die Große Transformation hat vier Haupttriebkräfte, die sich zu einer neuen Realität verbinden. Die wichtigsten Treiber sind die *Technologie*, insbesondere die Digitalisierung und die Biotechnologien, die gravierenden Änderungen in der *Demografie* der meisten heutigen Staaten, die weltweiten Herausforderungen der *Ökologie* sowie die *globale Wirtschaft und ihre Schulden.* Diese Kräfte sind eng miteinander vernetzt. Sie beeinflussen, verstärken, verändern und beschleunigen sich gegenseitig. Aus ihrer Vernetzung entsteht eine neue, allumfassende Realität: exponentiell wachsende, dynamische und sich selbst verstärkende Komplexität, wie es sie noch nie gab.

Je komplexer die Welt wird und je mehr sie sich ändert, desto klarer muss das Denken sein, um sich darin zurechtzufinden. Und desto klarer müssen auch die Sprache und ihre Begriffe sein, die es ermöglichen, sich wirksam zu verständigen.

DIE GROSSE TRANSFORMATION21

Die Große Transformation21 ist die von mir 1997 geprägte Bezeichnung für die tiefgreifende Jahrhundertumwandlung von Wirtschaft und Gesellschaft hin zu jener Gesellschaftsform der Komplexitätsgesellschaft des 21. Jahrhunderts. Diese Umwandlung habe ich ausführlich dargestellt in meinem Buch *Führen Leisten Leben. Wirksames Management für eine Neue Welt.*

Der Begriff »Große Transformation« wurde von Karl Polanyi, dem ungarisch-österreichischen Wirtschaftssoziologen erstmals 1944 in einem ähnlichen Sinne verwendet. Er schrieb aber für eine andere Zeit, denn er hat andere Erscheinungsformen dargestellt, insbesondere die Ausbreitung der Marktwirtschaft und des Nationalstaates. Den Begriff »Transformation« verwendet auch Peter F. Drucker als Überschrift zur Einführung seines 1993 erschienenen Buches *Post-Capitalist Society*, worin er unter anderem die großen Entwicklungslinien vom Kapitalismus zur Wissensgesellschaft und vom Nationalstaat zum transnationalen Megastaat skizziert. Mit dieser Begriffswahl vollziehe ich die Beschreibung der bisherigen Bedeutungen in einen verallgemeinerten fundamentalen Umwandlungsvorgang für das 21. Jahrhundert.

Geprägt ist dieser Prozess unter anderem durch exponentiell wachsende Komplexität, sodann durch die Entstehung global vernetzter Systeme, und er ist charakterisiert durch die Dynamik des sich selbst beschleunigenden Wandels. Dies führt zu historisch einzigartigen Herausforderungen. Diese Umwandlung erfordert die Verwendung von innovativen, bionischen Organisationsformen und von kybernetischen Systemen für Management, Governance und Leadership sowie für revolutionär wirksame Sozialtechnologien.

Die Vorläufer

Mehrmals wöchentlich stellen mir Kunden Fragen zu den grundlegenden Veränderungen von Wirtschaft und Gesellschaft, über die ich erstmals 1997 unter dem Titel »Die Große Transformation21« geschrieben habe. Sie war damals erst unscharf zu erkennen, aber doch deutlich genug. Worum geht es?

Alle paar hundert Jahre haben sich in den letzten tausend Jahren in der westlichen Geschichte vier große Transformationen ereignet. Die jeweiligen Zeitgenossen konnten diese in ihrer Ganzheit nicht erkennen. Kinder konnten die Welt ihrer Großeltern nicht verstehen und umgekehrt. Heute stehen wir in der vierten dieser Transformationen. Und mit der Ziffer 21 meine ich nicht das Jahr 2021, sondern das 21. Jahrhundert. Die Ursachen dieser Transformationen kennen wir noch nicht, aber wir kennen die Hauptereignisse, die den jeweiligen großen Wandel auslösten und prägten. Die Bedeutung dieser Ereignisse konnten aber zu jener Zeit nur selten und nur von wenigen verstanden werden. Im Folgenden will ich sie in ihren Grundsätzen darstellen.

Die erste Transformation ausgehend von der westlichen Welt beginnt im 13. Jahrhundert mit der Entstehung der neuen Städte, zum Beispiel 1216 Hamburg, 1224 Bremen, 1248 Köln; es entstanden die Zünfte und Gilden, und die Deutsche Hanse, die eine der mächtigsten Organisationen war, die es je gab, sowie die gotische Bauweise der Kirchen, die mit dem Umbau des Doms von St. Denis 1140 begann.

Zweihundert Jahre später, im 15./16. Jahrhundert, beginnt die zweite Transformation: Im Jahr 1455 erfindet Gutenberg den Buchdruck, womit das erste »Internet« entstand. Denn seine Haupttätigkeit war nicht der Druck von Büchern, sondern von Flugblättern, die durch die Vervielfältigung rasch verbreitet werden konnten.

Christoph Kolumbus entdeckt 1492 einen neuen Kontinent, versteht aber seine eigene Leistung nicht, sondern glaubt einen neuen Seeweg nach Indien entdeckt zu haben. Ein Kaufmann in Genua – Amerigo Vespucci – erkennt aber, dass Kolumbus nicht in Indien gelandet war, sondern viel mehr geleistet hatte: Er entdeckte einen neuen Kontinent, Amerika (wunderbar beschrieben von Stefan Zweig in seinem kleinen Buch *Amerigo*, erschienen 1942). Es folgen die Renaissance, die Reformation, und der 30-jährige Krieg. Beinahe wäre die mächtigste Organisation der damaligen Welt untergegangen, die Katholische Kirche, hätte sie sich nicht grundlegend unter dem Einfluss der Jesuiten gewandelt.

Die dritte Transformation beginnt im 18. Jahrhundert, sie bringt den schottischen Liberalismus, 1776 die Amerikanische Revolution, 1789 die Französische Revolution, Napoleon und Waterloo 1815. Es beginnt die Industrialisierung durch die Perfektionierung der Dampfmaschine 1769 und darauffolgend die Eisenbahnen und das Auto. 1888 fährt eine Frau mit ihren Söhnen zum ersten Mal mit einem Auto die 188 Kilometer von Mannheim nach Pforzheim und zurück. War das vielleicht schon agil? 1903 baut Henry Ford sein erstes Auto, die Tin Lizzy, wie man sie nannte, und begründete damit sein langjähriges Monopol.

Die vierte Transformation beginnt im 20. Jahrhundert als ein Kind des Zweiten Weltkriegs. In diesen fällt die Entdeckung einer ganz neuen Art von Wissenschaft, der Kybernetik, gestützt auf die Erfindung von Alan Turing, der 1935 seine Dechiffriermaschine »Enigma« erfunden hatte. Dank dieser erfuhren die alliierten U-Boot-Kommandanten und Winston Churchill die Befehle Hitlers, noch bevor die deutschen U-Boot-Kapitäne sie erhalten hatten. Die Kybernetik ist die Mutter der Digitalisierung und der sich selbst regulierenden technischen Systeme. Das entscheidende Buch dafür ist *Cybernetics: Or Control and Communication in the Animal and the Machine* (1948) von Norbert Wiener.

DIE FÜNF TREIBER DER GROSSEN TRANSFORMATION

Die Große Transformation21 wird von vier Primärkräften angetrieben. Und aus dem Zusammenwirken dieser vier Kräfte entsteht eine radikal neue, fünfte Kraft.

TREIBER 1: DIE DIGITALISIERUNG

Der Haupteffekt der Digitalisierung ist die totale Vernetzung von allem mit allem – und zwar global. Daraus entstehen zwei »neue« Naturgesetze. Und die Folge ist, dass die historischen Koordinatoren der Menschheit, nämlich Zeit und Raum, bedeutungslos werden. Sie sind zwar weiterhin da, aber sie werden immer schneller irrelevant. Man muss nicht nach China reisen, um in China aktiv zu werden.

TREIBER 2: DIE BEVÖLKERUNGSSTRUKTUR

Die entwickelten Länder haben eine überalterte Bevölkerung. Daraus resultieren überforderte Sozialsysteme. Auf weite Strecken haben wir eine mangelhafte Bildung für die Neue Zeit und in bisher wichtigen Ländern eine zu geringe digitale Kompetenz. Hinzu kommt die stete Gefahr von Wanderungsbewegungen aus unterentwickelten Ländern.

TREIBER 3: DIE ÖKOLOGIE

Die Umweltfolgen des bisherigen Lebens und Wirtschaftens drängen ins Bewusstsein der Menschen und sie beeinflussen immer stärker die Politik und die Strategien der Unternehmen. Auch wenn man nicht allen Wissenschaftlern und ihren Prognosen zustimmen will, sind sie dennoch ernst zu nehmen, schon deswegen, weil wir es immer öfter und stärker mit sozialpolitischen Verwerfungen zu tun haben, die ökologische Ursachen haben.

TREIBER 4: DIE ÖKONOMIE

Ein Hauptfaktor ist die weltweite Verschuldung, die bisher durch Notenbanken und Null- oder Niedrigzinsen aufgefangen werden konnte.

Die digitalen Lösungen führen in weiten Bereichen zu einem radikalen Preiszerfall. Drohende Wirtschaftskriege und ein allgemeines Gegeneinander statt eines Miteinander sind die Folgen.

TREIBER 5: NEU UND ALLES BESTIMMEND, DIE EXPONENTIELL WACHSENDE KOMPLEXITÄT

Das Zusammenwirken, das heißt die fortschreitende Vernetzung der ersten vier Treiber, führt zu einem fünften Faktor und zu einer neuen Realität. Es ist die explosiv und exponentiell steigende Komplexität. Sie ist die unvermeidbare Folge aus der fortschreitenden globalen Vernetzung. Und sie ist unser wichtigster Rohstoff für eine gute und schöne Zukunft. Wie das?

Die meisten Menschen, auch Führungskräfte, schalten auf Abwehr, wenn sie von Komplexität hören. Der Grund ist meistens eine Verwechslung von zwei ähnlich klingenden Wörtern, nämlich Kompliziertheit und Komplexität. Kompliziertheit sollen wir reduzieren. Komplexität ist Gefahr und Chance zugleich. Sie ist Gefahr, wenn wir sie nicht verstehen und sie ist Chance, wenn wir sie richtig nutzen.

Dies sind die Gefahren, wenn Komplexität unverstanden und ungenutzt bleibt:

- Bisherige Methoden der Willens- und Meinungsbildung und Entscheidungsfindung versagen immer öfter.
- Weltweite Instabilität wächst in immer mehr Bereichen durch die nicht unter Kontrolle zu bringende Vernetzung.
- Bisherige Regierungs- und Managementsysteme können mit der wachsenden Komplexität nicht Schritt halten.
- Organisationen werden instabil.
- Bisherige Staatengebilde werden instabil, weil ihre inneren Bindungskräfte nicht mehr funktionieren.
- Finanzmärkte werden hypervolatil und brüchig.
- Neue Risiken entstehen durch Cyber-Kriminalität, für die Gegenmaßnahmen fehlen, solange man die Komplexität nicht versteht.
- Unverständnis für Komplexität führt zu medialer, systematisch destabilisierender Desinformation und zu Datenmissbrauch.

Dies sind die Chancen, wenn Komplexität verstanden und genutzt wird:

- Komplexität ist zu unterscheiden von Kompliziertheit.
- Komplexität ist der *wichtigste* neue, immaterielle Rohstoff.
- Sie ist die Quelle von Intelligenz, von Innovation und Evolution.
- Sie ist der Rohstoff von *Steuerung* und *Regelung*.
- Sie ist die Grundlage für die Entstehung neuer *System-* und *Öko-Systemtypen* mit *Selbst-Fähigkeiten*, wie *Selbst-Steuerung*, *Selbst-Regulierung*, *Selbst-Lenkung* und *Selbst-Organisation*.
- Komplexität hat mit neuem Wissen zu tun und Wissen ist wichtiger als physische Macht, was uns schon länger bekannt ist.
- Komplexität ist der *Rohstoff für Information* und diese ist wichtiger als Zeit und Energie.

Die Große Transformation21 – und zwei neue Naturgesetze

Nach den vier Treiberkräften – Digitalisierung, Bevölkerungsstruktur, Ökologie und Ökonomie – will ich im Folgenden die zwei Naturgesetze benennen, durch die diese Kräfte wirksam werden. Schon durch die Digitalisierung gewinnen diese zwei Naturgesetze eine völlig neue Bedeutung und Wirksamkeit. Denn die Digitalisierung als solche ist nicht so neu, wie viele heute glauben. Sie ist ein Ergebnis der Kybernetik-Forschung, die mit Alan Turing in den 1930er-Jahren – seiner Publikation *On Computable Numbers* und der Entwicklung der bereits erwähnten Dechiffriermaschine »Enigma« – begonnen hatte. Einer der *industriellen* Pioniere der Digitalisierung war Ken Olsen, der die Digital Equipment Corporation (DEC) bereits im Jahr 1957 gründete, die in den 1970er-Jahren – und zum Zeitpunkt, als Apple gegründet wurde, 1976 – immerhin fast 150 000 Mitarbeitende hatte.

Die Große Transformation des 21. Jahrhunderts wird durch die folgenden zwei neuen Naturgesetze getrieben, die ein neues Funktionieren bewirken. Ihre Hauptwirkungen sind:

- *Vollständige Vernetzung von Allem mit Allem – global – sowohl räumlich als auch zeitlich.*
- *Die historischen Menschheitskoordinatoren – Zeit und Raum – gibt es zwar weiterhin, aber sie werden durch diese beiden Naturgesetze bedeutungslos.*

Diese Gesetze stehen im selben Rang wie alle Naturgesetze. Und in gewisser Weise stehen sie sogar noch darüber, denn sie sind die *Basis der Naturgesetze*. Ich formuliere sie wie folgt:

1. Wenn zwei oder mehr »Dinge«, die bisher getrennt – separiert – waren, in der richtigen Vernetzung zusammenkommen, dann entsteht etwas radikal Neues.

2. Wenn zwei oder mehr »Dinge«, die bisher nacheinander – sequentiell – getan wurden, in der richtigen Vernetzung gleichzeitig – simultan – ablaufen, dann entsteht ebenfalls ohne weitere Hilfe – selbstgenerierend – etwas radikal Neues mit ganz anderen und neuen Eigenschaften.

Etwas anders formuliert für praktisches Handeln:

1. Was bisher nur separiert getan werden konnte, kann nun zusammen getan werden.
2. Was bisher nur sequentiell getan werden konnte, kann jetzt simultan geschehen.

Aus beidem entsteht radikal Neues – wenn? – ja, wenn die Vernetzung richtig gemacht wird! Die Bedeutung dieser Gesetze kann kaum überschätzt werden, denn sie führen zu neuen Methoden und neuen Lösungen, zu neuer Wirtschaftlichkeit, zu einem völlig neuen Organisieren und zu einem neuen Funktionieren. Daher sind es auch die Gesetze der Kreation und der Innovation.

WIE STRATEGIE AUSSIEHT, WENN MAN DIE ZUKUNFT NICHT KENNEN KANN

1. Strategie ist richtiges Handeln, auch wenn wir nicht wissen, wie die Zukunft sein wird, aber dennoch handeln müssen, weil nichts zu tun auch ein Handeln ist.

2. Strategie heißt, bevor man etwas beginnt, von Anfang an so zu handeln, dass man auf Dauer Erfolg hat.

3. Strategie handelt nicht von zukünftigen Entscheidungen, sondern von der Zukunftswirkung heutiger Entscheidungen, zu denen auch die Nicht-Entscheidungen gehören.

Der erste Satz gibt meine eigene Position wieder. Der zweite stammt von Aloys Gälweiler, dem langjährigen Chef-Strategen von BBC Mannheim nach der Fusion mit ABB später ASEA und Autor eines der besten Bücher über Strategie. Und der dritte Satz ist von Peter F. Drucker, dem Doyen der Managementlehre.

Jeder dieser drei Sätze umschreibt auf seine Weise den allgemeingültigen Kern von Strategie, wie er für jede Zeit gilt und immer gegolten hat, unabhängig davon, ob die jeweiligen Entscheider das erkannten oder nicht, denn je nachdem haben diese richtige oder falsche Strategien entworfen.

Strategie ist das richtige Umgehen mit einem nicht zu beseitigenden Mangel an Wissen. Denn wenn wir alles wüssten, was wir für weitreichende Entscheidungen brauchen, dann wäre keine Strategie nötig, sondern nur gute Planung, nämlich das Ableiten von Konsequenzen aus vorhandenen Informationen und Daten. Wir können aber nie alles wissen, was wir wissen müssten, weil wir als Führungskräfte in der Hyperkomplexität global vernetzter Großsysteme stehen und in der Dynamik ihres sich beschleunigenden Wandels arbeiten und – vor allem – führen müssen. Wir haben einen ständigen Mangel an Information und Wissen, weil solche Systeme prinzipiell nicht durchschaubar sind und weil sie sich oft rascher verändern, als man selbst entscheiden kann.

Diese drei Definitionen von Strategie haben für die Große Transformation21 eine ganz besondere und historisch wahrscheinlich sogar einzigartige Bedeutung, denn die vor sich gehenden tiefgreifenden Veränderungen schaffen eine Neue Welt mit vielen Unbekannten. In den drei Positionen wird nicht unterstellt, dass wir über die Zukunft gar nichts wissen oder wissen können. Oft kann man sogar weit mehr wissen, als man für möglich hält, aber dafür muss man sich von inzwischen veralteten Denkweisen und Methoden trennen und neue Methoden anwenden.

Oft weiß man nicht einmal, was im Unternehmen an Wissen schon vorhanden ist, denn es ist in der ganzen Organisation verteilt. Aber man kann es nicht mobilisieren. Daher liegt erfolgskritisches Wissen häufig ganz oder mehrheitlich brach, wiederum fast immer wegen ungeeigneter Methoden.

Noch öfter glaubt man aber zu wissen, was man gar nicht wissen kann, zum Beispiel ob eine Krise wirklich vorbei ist. Das wiederum führt zu einem trügerischen Gefühl der Sicherheit und zum Festhalten an den alten und bereits veralteten Systemen in der Organisation. Der gefährlichste Fall von Nichtwissen ist jedoch, dass wir oft gar nicht wissen, was wir wissen müssten, um eine richtige Strategie zu entwerfen. Man baut dann, ohne es zu merken, Strategien auf einer Informationsbasis auf, die für strategische Entscheidungen ungeeignet und irreführend ist, nämlich auf rein operativen statt auf strategischen Daten.

Die Positionen von Gälweiler, Drucker und mir sind Lösungen für die genannten Fälle von Nichtwissen und für die Beseitigung gravierender Irrtümer, die damit zusammenhängen. Diese Irrtümer, zum Teil als Irrlehren systematisch verbreitet, vergiften sowohl Praxis als auch Theorie der Strategie und sind Ursache von Fehlentscheidungen. Meine eigene Position beseitigt neben anderen Missverständnissen den Irrtum der Anmaßung von Wissen, wo dieses uns schlicht fehlt. *Strategie muss daher der Umgang mit konstitutivem Nichtwissen sein.* Das Einbeziehen von konstitutivem Nichtwissen eröffnet für die Gestaltung von Strategien eine neue Qualitätsdimension und ermöglicht Lösungen gerade dort, wo herkömmliches Strategiedenken versagt.

Die Position Gälweilers räumt unter anderem auf mit Irrtümern, die auf falschen Daten beruhen sowie mit den unnötigen und künstlichen Limitierungen der Zeithorizonte von kurz-, mittel- und langfristig, die den Blick auf den offenen Zeithorizont der Zukunft verstellen. Diese Position ermöglicht mit einer neuen Navigationsweise eine auf geradezu magische Weise wirksame Lösung für den Umgang mit komplexen Herausforderungen, die es unter anderem ermöglicht, vom Ende her an den Anfang zu denken statt umgekehrt.

Die Position von Drucker beseitigt den Irrtum, dass die Zukunft schicksalhaft vorherbestimmt eintritt und wir diese daher nur prognostizieren müssen, um zu wissen, was geschieht.

In Peter Druckers Position findet sich der eminent hoffnungsvolle Gedanke, dass wir die Zukunft aktiv gestalten können und sie nicht passiv erdulden müssen. Für die oberste Führungselite resultiert daraus der ethische Leadership-Auftrag, dies auch zu tun, denn nur sie hat die Mittel und die Macht dazu.

VERNETZUNG: EXPLODIERENDE KOMPLEXITÄT

Seit geraumer Zeit ist der Begriff »Vernetzung« im Management ein dominantes, häufig verwendetes Wort. Dieser Begriff bezeichnet die *treibenden Kräfte*, die aus der Informationstechnologie resultieren. Denn tatsächlich nähern wir uns mit den rasanten Fortschritten der Technik potenziell dem Zustand der »Vernetzung von Allem mit Allem«. Was heißt das aber? Und wohin führt das? Es führt uns zu Herausforderungen, denen viele Führungskräfte – trotz all ihrer reichen Erfahrung – bisher noch nicht bewusst begegnet sind. Daher kennen sie die Folgen von Vernetzung und deren Bedeutung noch nicht. Vernetzung führt zu extremer, geradezu explodierender Komplexität! Und für viele Führungskräfte ist »Komplexität« zumeist eher negativ besetzt.

Allerdings besteht unser Gehirn aus rund 90 Milliarden Zellen. Jede Zelle ist mit bis zu 30 000 anderen Zellen vernetzt. Die Gesamtlänge aller Nervenbahnen unseres Gehirns beträgt rund 5,8 Millionen Kilometer. Das entspricht etwa 145 Erdumrundungen.

Dazu eine kurze Einführung, bevor ich in der Tabelle unten die Auswirkungen von Komplexität zeige. Dazu müssen wir in die Beziehungsstruktur »eintauchen«, die in Systemen so gut wie immer – aber meistens versteckt – vorhanden ist.

1. Wie viele *Beziehungen* bestehen zwischen 2 Personen (A und B) im Minimum? Es können sehr viele Beziehungen sein, aber ich frage nach dem Minimum: Es sind deren 2, nämlich A zu B und B zu A, also 2.

2. Welchen *Zustand* können die Beziehungen im Minimum haben? Es sind jeweils 2, gut oder schlecht. Wie viele Zustände kann somit dieses kleine System von 2 Personen aufweisen? Es sind im Minimum 4 Zustände.
3. Wie viele *Beziehungen* können im Minimum zwischen 3 Personen bestehen? Es sind deren 6: A zu B, A zu C, B zu A, B zu C, C zu A und C zu B.
4. Wie viele *Zustände* können im Minimum die Beziehungen zwischen A, B und C haben? Sie können gut sein oder schlecht. Drei Personen können somit 64 verschiedene Zustände haben. Oh ...!

Wie rechnet man da? 3 mal 2 (3x2) ist die Zahl der *Beziehungen* = 6. Und 2 hoch 6 (2*6) ist die Zahl der *Zustände* dieser Beziehungen = 64 Zustände.

Man kann sich ausmalen, in welcher Geschwindigkeit mit wachsender Personenzahl die Komplexität in Organisationen steigt:

Anzahl Personen	**Minimum Anzahl Beziehungen zwischen den Personen**	**Anzahl Zustände bei 2 möglichen Zuständen pro Beziehung (z. B. gut & schlecht) = 2 hoch x**	**Gesamt-Anzahl der Zustände = Komplexität des Systems**
2 Personen (A&B)	2 (A zu B, B zu A)	2*2	= 4
3 Personen	3x2 = 6	2*6	= 64
4	4x3 = 12	2*12	= 4096
5	5x4 = 20	2*20	= 1 048 576
6	6x5 = 30	2*30	= 1 073 741 824 = Milliarde
7	7x6 = 42 usw.	2*42	= 4 398 046 511 104 = Trillion

SYSTEMISCHE MÜLLABFUHR

Es ist die Empfehlung, sich von allem zu trennen, was veraltet und überflüssig geworden ist. Sich vom »aufgestauten Müll« zu befreien – und dies nicht einfach zufällig, sondern mit einem systematischen, kontinuierlichen, regelmäßig durchgeführten Prozess. Damit wird aus der Idee eine Methode. Sie hilft mit, fette zu schlanken Organisationen zu machen, ineffiziente zu effizienten, langsame zu schnellen, träge zu vitalen und alte zu neuen. Und sie ist einer der wirksamen Wege zur agilen Organisation.

Von der Vergangenheit zur Zukunft – mit natürlich-systemischem Wandel

Die Methode ist einfach und effektiv. Man stellt regelmäßig die Frage: Was von dem, was wir heute tun, würden wir nicht mehr neu beginnen, wenn wir es nicht schon täten? Diese Formulierung ist zwar kein besonders schönes, aber doch korrektes Deutsch. Und weit wichtiger: Es ist wirksam!

Man beachte: Die Frage lautet nicht: Was hätten wir – früher mal – gar nicht beginnen sollen? Das klingt zwar ähnlich, ist methodisch aber etwas ganz anderes. Denn diese Formulierung befasst sich mit der Vergangenheit, während die erste Formulierung auf die Zukunft gerichtet ist. Die Frage lautet also: *Was würden wir heute nicht mehr neu beginnen, wenn wir nicht schon mitten drin wären? Und weiter: Wovon müssen wir uns daher trennen?* Was müssen wir schlichtweg stoppen? Das sind die Fragen, die zum Handeln führen – heraus aus der Vergangenheit und vorwärts in eine neue Zukunft.

Am klarsten sieht man die Bedeutung dieser Methode, wenn man sie kontrastiert mit der üblichen Praxis von Menschen und Organisationen: Zu all dem, was man ohnehin schon tut, kommt jedes Jahr noch mehr hinzu, aber nichts mehr weg. Die Natur hingegen macht es anders: Wie alle anderen Lebewesen hat der Mensch als biologisches Wesen eingebaute Reinigungsorgane – wie Nieren, Lunge und Darm. Sie befreien kontinuierlich von Abfällen, denn sonst gäbe es kein Leben. Es ist eine integrierte system-kybernetische Selbstreinigung. Als soziale Systeme hingegen sind Menschen und Organisationen aber »Gewohnheitstiere«. Alles wird gesammelt und mitgeschleppt – aus Gewohnheit, und weil man kein »soziales Organ« dafür entwickelt hat, sich systematisch von »Abfällen« wie beispielsweise Gewohnheiten zu befreien. Vitale Organisationen drehen dies systematisch um. Sie stellen die Frage: Wovon sollten wir uns trennen? Was sollten wir nicht mehr tun?

Ballast abwerfen: Wann und wie oft?

Beim heutigen tiefgreifenden Wandel prüft man sich am besten jeden Tag oder jede Woche: Soll ich das, was ich heute oder morgen oder diese Woche wie immer und wie bisher zu tun beabsichtige weiterhin so tun? Je nach Organisation sollte man das jedes Jahr mindestens ein oder zwei Mal tun für Produkte, Märkte, Kunden und Technologien und auch für alles andere, was in der Organisation getan wird: Für die administrativen Abläufe, IT-Prozesse, Formulare, Listen, Berichte und besonders auch für alle Sitzungen, die man macht. Die meisten dieser Dinge waren einmal nützlich und sinnvoll – zum Zeitpunkt, als man sie einführte. Deshalb ist die Frage »Was hätten wir – damals – nicht beginnen sollen?« nicht zielführend, sondern verharrt in der Vergangenheit. Man hatte »damals« auch gute

Gründe dafür. Nichts überlebt sich aber so rasch, wie administrative Prozeduren und Programme und nichts wird gleichzeitig so schnell zum liebgewordenen Ritual und hat ein so zähes Leben.

Effektivität für alle Mitarbeitenden: *Stop doing the wrong things!*

Diese Frage sollten sich jede Führungskraft und auch die Mitarbeitenden stellen. Sie sollte zum selbstverständlichen Arbeitswerkzeug gehören. Die Frage »Was sollten wir nicht mehr tun?« öffnet den Weg zur natürlichen und organischen Veränderung einer Organisation. Die Frage nach der »Müllabfuhr« geht direkt zum Wesenskern einer Organisation, zu ihrer Gesundheit und Funktionstüchtigkeit.

Change fast ohne Widerstand und oft sogar mit Freude

Die Methode der kontinuierlichen, systemischen »Müllabfuhr« hat den Vorteil gegenüber Großaktionen, dass sie weniger Angst und Widerstand auslöst und wegen ihrer kontinuierlichen Erfolge sogar häufig Freude macht und Motivation für weitere Schritte bewirkt. Es ist der natürliche, organische, systemische Weg des Veränderns. Zwar kann man nicht alles so ändern, aber doch vieles. Und so können Menschen sich mit dem Wandel vertraut machen – und sich sogar an den Wandel gewöhnen.

Und wenn man sich wirklich nicht trennen kann?

Vielleicht kann man nicht alles, was auf den »Müll-Listen« steht, wirklich völlig aufgeben. Wenn es so ist, kann es andere Wege geben, die Dinge ihrer wirklichen Bedeutung entsprechend zu behandeln. Vielleicht heißt die Lösung nicht »völlig aufgeben«, sondern zum Beispiel outsourcen. Vielleicht kommt man zum Ergebnis, etwas nur noch mit einem Minimum an Aufwand zu betreiben, bis dann später doch ein endgültiges Aufgeben möglich ist.

Am einfachsten – aber zu oft auch am schlechtesten – ist es, die Dinge so weiter zu betreiben, wie man sie bisher gemacht hat. Dies verursacht Gewohnheiten, Lethargie und Trägheit und oft auch die Arroganz »... so haben wir es immer schon gemacht«. Aufgeben und den Ballast beseitigen führt hingegen zu Revitalisierung und Selbsterneuerung einer Organisation. Es ist die von innen kommende, integrierte Entschlackung und Selbsthygiene – ein systemisches Prinzip der belebten Natur – das Funktionieren der Öko-Systeme.

FEHLER DARF MAN MACHEN …

Stimmt das? Darf man wirklich Fehler machen? Wann stimmt das? Nach verbreiteter Auffassung und häufigen Wiederholungen in Medien und einer bestimmten Sorte von (zu) schnell geschriebenen Managementbüchern darf man Fehler machen … Stimmt das wirklich?

Eine andere Spielart derselben Denkweise lautet: Führungskräfte sollten Fehler machen dürfen, jedoch nie zweimal denselben. Das ist schon deutlich besser, aber es ist noch immer nicht richtig.

Für die richtigen Antworten mache ich folgende Vorschläge:

Diese beiden Aussagen stimmen nicht. Sie sind zwar allgemein weit verbreitet, aber dennoch sind sie falsch und irreführend. Der häufige Gebrauch von falschen Ansichten macht sie nicht richtig. Das Grundprinzip für gutes Management und für viele andere Berufe muss lauten: Fehler dürfen nicht passieren! So darf ein falsches Medikament dem Patienten auch nicht ein einziges Mal gegeben werden. Flugzeugpiloten und Lokführer dürfen nie einen Fehler machen. Und in der Informatik können selbst »kleine« Fehler Katastrophen bewirken.

Dass aber Fehler dennoch passieren *können*, ja sogar sollen, ist ein anderes Thema. Fehler dürfen zum Beispiel passieren während der Ausbildung und auch in innovativen Entwicklungs- und Testphasen. Dafür sind Tests da. Wenn es aber etwa um gefährliche Dinge geht, wie Umgang mit giftigen oder explosiven Stoffen, dann dürfen auch in einer Versuchsphase keine Fehler passieren. Diese zwei Dinge sollte man klar auseinanderhalten. Was ist die Alternative?

Dies: Zu selten wird differenziert zwischen verschiedenen Arten von Fehlern – zum Beispiel einerseits Schlamperei und andererseits Fehler, aus denen man systematisch lernen will oder muss. Als Prinzip guter Führung ist somit das Gegenteil richtig: Fehler darf man *nicht* machen.

Dass Fehler dennoch passieren, ändert nichts an diesem Prinzip. Fehler darf und muss man aber dort machen, wo Fehler zur *Methode des Fortschrittes* gehören, beispielsweise beim Experimentieren mit dem Unbekannten, auf Prüfständen, in Laboratorien und so weiter. Gerade dort werden aber wegen der Risiken strenge Regeln eingehalten, weil auch scheinbar kleine Fehler zu Katastrophen führen können.

RISIKOFREUDE

Erfolge sind ohne Risiken nicht möglich. Das gilt nicht nur für die Wirtschaft, sondern wahrscheinlich auch für alle menschlichen Pionierleistungen. Es gibt aber ganz verschiedene Risiken. Nur wenn man die unterschiedlichen Risikoarten klar unterscheidet, kann man richtige Entscheidungen zu treffen hoffen.

Die vier verschiedenen Arten von Risiko

1. Das Risiko, das mit allem Wirtschaften wesensgemäß immer verbunden ist. Das Leben selbst ist bekanntlich schon lebensgefährlich, und die Wirtschaft kennt keinen Mangel an Risiken. In der Wirtschaft ist nichts gesichert. Leute, die bilanzieren müssen, vor allem jene, die mit eigenem Geld bilanzieren, wissen das. Schon das gewöhnliche Risiko des Wirtschaftens ist groß genug.
2. Das zusätzliche Risiko, das man sich leisten kann, weil es einen nicht umbringt, wenn es schlagend wird. Dieses Risiko geht man ein. Die meisten Unternehmer brauchen dafür keine besondere Aufforderung.
3. Das dritte Risiko ist jenes, das man sich nicht leisten kann: Weil es einen umbringt, wenn der Risikofall eintritt. Hier helfen auch raffinierte Berechnungen und Wahrscheinlichkeiten nicht. Die Frage, die man stellen muss, lautet nicht: Wie wahrscheinlich ist das Risiko? Die Frage muss lauten: In welcher Situation

befinde ich mich, wenn es eintritt, gleichgültig wie gering die Wahrscheinlichkeit ist? Das bedeutet nicht, dass man über ein solches Geschäft prinzipiell nicht nachdenken soll. Aber statt sich den Kopf über Wahrscheinlichkeiten zu zerbrechen, sollte man überlegen, wie man aus dem Risiko der dritten Art eines der zweiten Art machen kann – zum Beispiel durch kluge Vertragsgestaltung oder gemeinsam mit Partnern.

4. Schließlich gibt es noch eine vierte Risikoart. Es ist jenes Risiko, das *nicht* einzugehen man sich *nicht* leisten kann. Es ist das Risiko, das man eingehen *muss*, weil man keine andere Wahl hat. Dieses Risiko nennt man nicht unternehmerisches oder kalkuliertes Risiko, sondern man nennt es Schicksal, Ausweglosigkeit oder Tragik. Die griechischen Tragödien und die Dramen Shakespeares bauen auf dieser Form des Risikos auf. Das macht sie spannend, faszinierend und eben tragisch. Man schaut sie im Theater an, aber nicht in der eigenen Firma. Diese letzte Art des Risikos kann die Folge früherer Fehler sein.

Zumindest diese vier Risikoarten sollte man unterscheiden – auch jene sollten das tun, die laut nach dem risikofreudigen Unternehmer rufen, häufig aus einer weitgehend risikofreien Position heraus. Niemandem nutzt eine Unternehmenspleite. Ohne Ausnahme werden dadurch Produktivkraft und Wohlstand vernichtet.

TRIAL & ERROR: LOGIK DER EVOLUTION

Trial & Error – die Logik der Evolution – ist ein wunderbares Verfahren. Sie ist allerdings nicht mehr ganz neu, sondern rund vier Milliarden Jahre alt. Trial & Error ist überall dort zwingend und gleichzeitig – nachweislich – auch optimal, wo wir kein Wissen haben, weil wir in Neuland vorstoßen. Weil wir dorthin müssen, wo es keine bekannten Wege mehr gibt. Denn dort entsteht der Weg *beim Gehen* ... Aufpassen! Deswegen ist nicht der Weg das Ziel, wie man so oft hört – sondern das Ziel ist das Ziel, auch wenn es im Unbekannten liegt. Und der Weg ist der Weg – aber er existiert noch nicht, sondern er entsteht beim Gehen. Und dabei passieren unvermeidlich auch Fehler. Die Fehler sind der Preis für das neue Wissen. Das ist eine der Grundlogiken des system-kybernetischen Managements für das intelligente Meistern von großer Komplexität.

Trial & Error ist ein hocheffektives heuristisches Navigationsprinzip. Die Heuristik ist die große Schwester der heute in der Digitalisierung allgegenwärtigen Algorithmen. Heuristiken sind Regeln für das Suchen. Algorithmen sind Regeln für das Finden.

Heuristiken sind Methoden, um ein unbekanntes Ziel durch regelgeleitete Exploration und durch Experimentieren zu erreichen. Die Fehler sind die Korrektursignale. Als Ganzes lautet die Heuristik »Versuch > Irrtum > neuer Versuch > neuer Irrtum« und so weiter, bis man *vorläufige* Lösungen gefunden hat, von denen aus die Suche weitergeht.

Fehler haben zwei Seiten – eine zerstörerische und eine kreative. Es ist wichtig zu unterscheiden, *wo* und *wann* Fehler gemacht werden dürfen, ja gemacht werden müssen … und vor allem *wozu.* Ich unterscheide drei grundlegend verschiedene Situationen: Fehler im operativen Geschäft, Fehler bei Innovationen, Fehler bei Transformationen und dem nötigen Navigieren ins Unbekannte.

HEURISTIKEN: NAVIGATIONSPRINZIPIEN FÜR NEULAND

»Der Algorithmus ist für unsere Welt zu einfach.«
Rupert Riedl, Meeresbiologe (1925–2005)

Algorithmen kennt heute fast jeder und denkt, dass sie total neu sind. Algorithmen sind aber fast so alt wie die Mathematik – aber erst jetzt digitalisiert. Ihre große Schwester, die Heuristik, kennen erst wenige. Sie ist noch älter und wird gerade im Zusammenhang mit dem Aufbruch in der Großen Transformation21 noch wichtiger werden.

Algorithmen sind Schrittfolgen für das *erfolgreiche Finden* eines genau spezifizierten Ziels. Heuristiken hingegen sind Schrittfolgen für das *intelligente Suche*n, für das Aufspüren von Richtung und Nähe eines Ziels, das man nicht genau bestimmen kann. Man weiß zwar, *was* das Ziel ist, aber nicht *wo* es ist. Das klingt wahrscheinlich etwas abstrakt. Anhand von Spielen wird es aber gut verständlich. In jedem Spiel gibt es zwei Spielregeln: Jene Spielregeln, die definieren, *wie* man das Spiel spielt. Das sind Algorithmen. Und dann gibt es die Regeln dafür, *wie man das Spiel gewinnt.* Das sind Heuristiken.

Michail Botwinnik, der große russische Schachweltmeister, verfasste eine bemerkenswerte Studie über die Systemregeln des Gewinnens im Schach. Eines seiner Ergebnisse war die folgende Heuristik: *Stärke mit jedem Zug deine Position!* – Wofür und weshalb kann man nicht wissen. Ist das banal? Vielleicht, aber es ist hoch wirksam. Banal ist das nur für denjenigen, der noch nicht weiß, dass aufgrund der Komplexität des Schachspiels 10 hoch 155 Züge möglich sind –

eine Eins mit 155 Nullen. Die Führung einer Organisation ist aber noch weit komplexer als ein Schachspiel …

Die nun in der Folge vorgestellten Grundsätze sind eine Auswahl klassischer strategischer Prinzipien für das Meistern von komplexen Situationen. Viele dieser Grundsätze sind uralt. Oft werden sie missverstanden als Strategien für das Erlangen und Erhalten von Macht. Mit Macht haben sie aber nur wenig und nur indirekt zu tun. Ihre »Natur« ist vielmehr so, dass sie für solch komplexe Umstände die entscheidende Richtung angeben, über die man zu wenig weiß oder wissen kann, in denen man sich aber trotzdem bewähren muss. Gerade anhand dieser Heuristiken kann man reflektieren, dass es oft eben dort große Ohnmacht gibt, wo große Macht zu herrschen scheint, und umgekehrt.

Die folgenden Grundsätze sind nicht direkt durch die Kybernetik entstanden. Es sind, wie gesagt, viel ältere Prinzipien, aber sie sind eindeutig kybernetischer Natur, weil sie Control auch dort noch bewirken, wo andere Mittel versagen.

Regeln für die Lagebeurteilung im Ungewissen

1. GRUNDSATZ DER METASYSTEMISCHEN LAGEBEURTEILUNG
   »Unterscheide stets Sachfragen von Systemfragen!« – Als Beispiel: Ist der beste Wissenschaftler einer Universität gleichzeitig auch der fähigste Rektor? Selbst wenn ja: Ist es für die Universität dann gut, ihn zum Rektor zu bestellen? Solche Fragen lassen sich nicht auf Sachebenen, sondern nur auf Systemebene lösen.

2. GRUNDSATZ DER VOLLSTÄNDIGKEIT DER LAGEBEURTEILUNG
   »Bedenke dein Nichtwissen und suche nach der Ganzheitlichkeit des Systems!« – Wenn Systeme komplex und hyperkomplex

sind, kann man niemals vollständiges Wissen haben. Dieser Grundsatz mahnt daher ständig an die Tatsache unseres unvermeidlichen Nichtwissens. Wichtiger ist aber: Er mahnt, eine Lage nicht nur aus der eigenen Perspektive zu beurteilen, nicht in vereinfachten Kausalzusammenhängen zu denken. Erforderlich ist das Reflektieren aller Seiten von Beziehungen und der Beziehungen selbst.

3. GRUNDSATZ DES OFFENEN SYSTEMS
»Rechne stets mit dem Unvorhersehbaren, dem Unerwarteten und dem Unvorstellbaren!« – In komplexen und damit dynamischen Systemen ist immer mit unvorhersehbaren Entwicklungen zu rechnen. Hier wirkt stetiger Wandel, der Neues mit sich bringen kann. Auf einer Notfallambulanz zum Beispiel ist man auf diesen Umstand eingestellt, in vielen Organisationen aber noch lange nicht.

4. »STÄRKE GEGEN SCHWÄCHE«-GRUNDSATZ
»Halte den anderen niemals für unwissender als dich selbst!« – Kräfteverhältnisse müssen realistisch eingeschätzt werden. Ein Missachten wirkt umso gewichtiger, je schwieriger die andere Seite einzuschätzen ist. Es gibt Aufschluss darüber, wo die Möglichkeiten und Grenzen sinnvollen Handelns liegen – in kompetitiven ebenso wie in kooperativen Situationen unentbehrlich.

5. GRUNDSATZ DER MEHRDEUTIGEN ZIELWAHL
«Wähle Maßnahmen, mit denen du mehrere Ziele gleichzeitig ansteuern kannst!« – Jene Lenkungseingriffe, die mehrere Ziele zur selben Zeit ansteuern, erhöhen die Vielfalt an Wirkkraft durch das Nutzen von Komplexität.

6. GRUNDSATZ DER VERMEIDUNG VON INFORMATIONSLAGE-BEEINFLUSSUNGEN

»Sorge dafür, dass du die Quellen und Aussagen von Informationen tatsächlich kennst!« – Dieser Grundsatz macht darauf aufmerksam, sich für eine Lagebeurteilung nicht von akribisch zusammengetragenen Daten beeinflussen zu lassen, ohne über den Charakter und die Quellen der Daten nachzudenken. Genauso sollte man sich dessen bewusst sein, dass es viele Arten von Täuschungsmanövern und Vernebelungstaktiken gibt, die sowohl im alltäglichen zwischenmenschlichen als auch in konkurrenzbedingten Beziehungen zur Realität von und in komplexen Systemen gehören.

HEURISTIKEN IN KOMPLEXEN SITUATIONEN

Orientierung zu finden in der Ungewissheit der Transformation und das Meistern ihrer Komplexität gehören zu den großen Herausforderungen der Zeit. Wir betreten auf immer mehr Gebieten Neuland. Eine besondere Art von Regeln kann aber auch dort noch helfen, wo für die meisten keine Markierungen mehr zu erkennen sind. »In Heuristiken zu denken statt in Algorithmen, eröffnet auf einen Schlag den Weg, mit wuchernder Komplexität fertig zu werden«, schrieb Stafford Beer, der Begründer der Management-Kybernetik.

Im vorangehenden Abschnitt habe ich zwei Arten von Regeln behandelt: Die Regeln für das *Spielen* des Spiels – und die Regeln für das *Gewinnen* des Spiels. Die ersten gehören zu den Algorithmen. Die zweiten gehören zu den Heuristiken.

Die weiteren Heuristiken beziehen sich auf die Lenkungskapazität und Beziehungsgestaltung in komplexen Situationen:

1. GRUNDSATZ DER FLEXIBILITÄT
   »Bewahre deine Handlungsspielräume und lege dich erst zum spätmöglichsten Zeitpunkt fest!« – Der Grundsatz verlangt Offenheit für weitere Entwicklungen, um auf unvorhersehbare Ereignisse und solche, die sich erst im Zuge einer Entwicklung als ungünstig erweisen, möglichst flexibel reagieren zu können.

2. GRUNDSATZ DER ZUKUNFTSVORSORGE
   »Kläre die Art des Risikos!« – Es gibt Risiken, die einzugehen man sich leisten kann. Es gibt Risiken, welche einzugehen man sich

nicht leisten kann. Und es gibt jene Risiken, die nicht einzugehen man sich nicht leisten kann. Alle strategischen Maßnahmen müssen auf ihre potenziellen Zukunftswirkungen überprüft werden. Und darauf, ob für die möglicherweise eintretenden Szenarien die notwendigen Ressourcen vorhanden sind oder zumindest sichergestellt werden können. Risiken sind nur so weit einzugehen, soweit man selbst bei schweren Verlusten noch genug in der Hand hat, um jede Situation meistern zu können.

3. GRUNDSATZ DER REVERSIBILITÄT
»Durchdenke, ob du deine Entscheidung rückgängig machen kannst – und bedenke, was daraus folgt!« – Es ist von großer Bedeutung, sich Klarheit darüber zu verschaffen, in welcher Beziehung man irreversible und in welcher Hinsicht man auch reversible Entscheidungen treffen kann.

4. GRUNDSATZ DER KLEINEN SCHRITTE
»Mache den nächsten Schritt erst, wenn du gesehen hast, wie der vorangegangene gewirkt hat!« – Je komplexer eine Situation ist, desto wichtiger ist gerade dieser Grundsatz. Anhand welcher Zwischenergebnisse evaluiert man die Wirkungsweise eines Vorgehens? Es braucht ein systematisches Point-of-Return-Management. Hat man hingegen den Point of no Return überschritten, ohne dass man etwas davon gemerkt hat, ist es zu spät.

5. GRUNDSATZ DER INITIATIVE
»Sei dem Wandel voraus!« – Diese Heuristik besagt, selbst den Handlungsablauf zu bestimmen oder zumindest mitzubestimmen, um nicht in Zugzwang getrieben zu werden.

6. GRUNDSATZ DER ALTERNATIVENKONTROLLE
»Handle stets so, dass sich die Anzahl deiner Möglichkeiten vermehrt!« – Diesen perfekten Imperativ hat Heinz von Foerster

formuliert, der große Kybernetiker und Philosoph. Er nannte ihn den »Kybernetischen Imperativ«.

7. GRUNDSATZ DER GOLDENEN BRÜCKE
»Halte stets die Gesprächsmöglichkeiten aufrecht!« – Man sollte niemals einen Gesprächspartner in eine ausweglose Situation bringen. Unter anderem geht es gegenüber Menschen darum, zu vermeiden, dass sie ihr »Gesicht verlieren«, zumindest eine letzte Gesprächsbasis aufrechtzuerhalten, um eine lenkungsrelevante Beziehung wiederherstellen zu können.

HEURISTIKEN FÜR DIE INFORMATIONSLAGE

Es gibt weitere Regeln für intelligentes, erfolgversprechendes Suchen, die aber eher für spezielle Situationen geeignet sind. Algorithmen und Heuristiken ergänzen sich gegenseitig. Die heutige Digitalisierung arbeitet fast ausschließlich mit Algorithmen. Schon diese Leistungen sind enorm. Aber sie sind noch nicht wirklich intelligent, obwohl man sie so bezeichnet. Echte Intelligenz erfordert die Ergänzung von Algorithmen durch Heuristiken.

Auf dem Feld der Kommunikation sind das die folgenden Regeln:

1. GRUNDSATZ DER INFORMATIONSNÄHE
   »Sorge für kurze und direkte Informationswege!« – Um Verzerrungen und unkontrollierte Filterungen zu vermeiden, ist dieser Grundsatz anzulegen und einzuhalten. Er zeigt die Bedeutung einer systemgerechten Organisationspolitik. Entsprechend allgemein und zeitlos gültige Policies erfüllen an jeder Stelle und zu jeder Zeit die Anforderungen an die notwendige Real-Time-Information, egal, wo sich die Führungsorgane gerade befinden und ob sie erreicht werden können oder nicht.

2. GRUNDSATZ DER VERHALTENSERKLÄRUNG
   »Sag, was du tust!« – Dieses Prinzip zielt darauf ab, Vertrauen zu schaffen, indem man naturgegeben unberechenbare Situationen und damit verbundene Entscheidungen durch Verhaltenserklärungen vorhersagbar und berechenbar macht. Zum Beispiel im Sinne von »Wenn dies oder jenes geschieht, dann

werde ich ...«-Deklarationen. Voraussetzung dafür ist, dass man sich dann auch daran hält.

3. GRUNDSATZ DER EVALUIERUNG
   »Prüfe frühzeitig und fortwährend die Kontrollpunkte deiner Navigation!« – Ob in sozialen oder technischen Systemen, es geht hier darum, jene Orientierungsmarken zu bestimmen, die immer erkennen lassen, ob mit Maßnahmen der angestrebte Zweck und das verfolgte Ziel erreicht werden. Auf der Straße wären es der Mittel- und Randstreifen sowie die Wegweiser, die dem Autofahrer sagen, ob er sich auf der richtigen Bahn und in die richtige Richtung bewegt. Die Evaluierung stellt sicher, dass sinnvolle Policies sinnvoll formuliert, wirksam kommuniziert und umgesetzt werden.

Prinzipien für die Überzeugungsfähigkeit:

1. GRUNDSATZ DER ZUVERLÄSSIGKEIT
   »Tu, was du sagst!« – Eingegangene Verpflichtungen sind auch tatsächlich zu erfüllen. Das ist die wichtigste Voraussetzung für die eigene Überzeugungsfähigkeit für andere, für die zukünftige Glaubwürdigkeit, Reputation und persönliche Autorität.

2. GRUNDSATZ DER FESTIGKEIT
   »Steh zu deinem Wort!« – Weniges untergräbt die eigene Glaubwürdigkeit schneller als ein Abgehen von deklarierten und angekündigten Vorhaben. Dies hat nichts zu tun mit unbeweglicher Prinzipientreue. Es ist durchaus sinnvoll, von Entscheidungen und Haltungen abzugehen, die sich als nicht klug genug erwiesen haben. Allerdings gilt es, das entsprechend zu begründen.

Noch mehr solcher heuristischen Regeln stehen in meinem Buch *Strategie des Managements komplexer Systeme*. Die hier ausgewählten Grundsätze sind allgemein und sie können untereinander für die gegenseitige Verstärkung vernetzt werden. Sie regulieren den Einsatz einer Vielfalt von Verhaltensweisen, die durch Orientierung an einzelnen Grundsätzen oder durch deren Kombinationen zustande kommen. Diese Auswahl allgemeiner Navigationsprinzipien habe ich vor allem für die Umbruchsituation getroffen. Im Gegensatz zu zufälligen Suchprozessen helfen diese Heuristiken, ein unbekanntes Ziel durch gezielte Exploration zu erreichen.

FUNDAMENTALE TRANSFORMATIONEN

Die heutige Transformation21 hat ihren Vorläufer in der Industriellen Revolution. Diese begann etwa Mitte des 18. Jahrhunderts mit der Philosophie der Aufklärung. Sie prägte die amerikanische Verfassung, brachte die Dampfmaschine und die damit beginnende Industrialisierung. Sie brachte auch die Französische Revolution und die Napoleonischen Kriege. Diese Transformation schuf auch die moderne Universität, die politischen Parteien und ihre Ideologien, sie verwandelte grundlegend die politische Struktur Europas, brachte eine neue Gesellschaftsstruktur hervor und löste die Feudalgesellschaft durch Rechtsstaat und Demokratie ab und ermöglichte den Aufstieg der USA.

Die heutige Große Transformation21

Weit größere Veränderungen wird die heutige Große Transformation21 bringen. Das zeigt sich schon an den bereits bisher eingetretenen Veränderungen. Die politischen Parteien werden sich fundamental ändern müssen. Die nun über 200 Jahre alten dominanten Ideologien von Kapitalismus und Sozialismus werden in ihrer bisherigen Erscheinungsform kaum noch relevant sein. Namen für das Neue fehlen noch. Die Demokratie, wie wir sie kennen, stößt immer mehr an ihre Grenzen.

Die heutige, aktuelle Transformation ist global. Der Vernetzungsgrad von immer mehr Systemen ist größer denn je, genauso wie das rasante Tempo des Wandels. Bisherige Superlative wie *Mega* sind bereits zu klein gegriffen, um die neuen Veränderungsdimensionen zu beschreiben.

Frühere Transformationen

Vor der Industriellen Revolution gab es eine ähnlich tiefgreifende Transformation zwischen 1455 und 1517, beginnend mit der Erfindung des Buchdrucks und geprägt durch die Reformation. Meilensteine des damaligen Transformationsprozesses waren unter anderem Renaissance, Entdeckung Amerikas, Entstehung der Wissenschaften, Wiederbelebung der Medizin und Verbreitung des arabischen Zahlensystems. Und noch weiter zurück vollzog sich ein solcher Wandel im 13. Jahrhundert mit der Entstehung der Gotik, der modernen Stadt, den ersten Universitäten als Zentren des geistigen Lebens sowie den Zünften als dominante Sozialstruktur.

Derart grundlegende Transformationen ereigneten sich geschichtlich bisher etwa alle 200 bis 250 Jahre. Sie korrespondieren mit langen Zyklen von Auf- und Abschwüngen der Wirtschaft, die als erster der russische Ökonom Nikolaj Kondratieff untersuchte.

Basis-Veränderungen

Diesen Perioden ist auch gemeinsam, dass sich jeweils innerhalb von etwa 50 Jahren die Gesellschaft, ja die Welt der jeweiligen Zeitgenossen so radikal veränderten, dass später Geborene buchstäblich keine Vorstellung mehr von der Welt ihrer Eltern hatten. Das trifft nicht nur, aber besonders auch auf soziale Transformationen zu – wie etwa die Abschaffung der Sklaverei, die Einführung der Schulpflicht und die Emanzipation der Frauen.

50 Jahre mögen im Leben eines Menschen als lange erscheinen. Geschichtlich ist das eine kurze Periode. 50 Jahre waren objektiv lan-

ge in Relation zur Lebenserwartung des mittelalterlichen Menschen, des Renaissance-Menschen und des Zeitgenossen der Französischen Revolution. Die damaligen Transformationen spielten sich somit über mehrere Generationen ab. Heute sind 50 Jahre im Leben eines einzelnen Menschen aber nicht mehr lange. Daher wird die gegenwärtige Transformation als etwas Besonderes empfunden werden, weil die demografische und psychologische Ausgangslage verschieden ist. Der Anpassungsdruck, der sich früher auf mehrere nacheinander lebende Generationen verteilte, trifft heute geballt zwei bis drei gleichzeitig lebende Generationen. Das ist der demografische Aspekt, der schlagend wird.

Neue Erwartungen

Die Menschen früherer Epochen haben sich vom Leben, von der Gesellschaft und vom Staat nicht viel erwartet. Den allermeisten ging es vor und nach einer Transformation nicht gut und sie hatten daher auch keine besonderen Erwartungen und Ansprüche. Heute ist das anders. Der vor sich gehende Wandel trifft in der so genannten »westlichen Welt« eine Generation, der es relativ gesehen so gut geht wie keiner Generation davor. Das ist der psychologische Aspekt. Daher werden schon kleine Rückschläge im Wohlstandsniveau als dramatisch empfunden. Somit werden auch die Anforderungen an die Führung, an die durch diese Transformation navigierenden Lotsen, wesentlich höher sein als zu früheren Zeiten.

Neue Entwicklungen: Organisationen und Management – Bionik und Kybernetik

Zwei ganz neue Entwicklungen prägen allerdings diese aktuelle Transformation21. Das sind erstens die zahlreichen gesellschaftlichen Organisationen, die ein Novum sind, und zweitens die für ihr zuverlässiges Arbeiten erforderliche Funktion des Managements.

In der Biologie kann man etwas Ähnliches entdecken: Hochentwickelte Organismen – und die für ihr Funktionieren erforderlichen Sinnesorgane und Nervensysteme. Zwei verschiedene, aber doch funktionell ähnliche Entwicklungen der Evolution. Die beiden Fachbegriffe dafür sind Bionik und Kybernetik.

DAS UNBEKANNTE MANAGEN

Management in der Großen Transformation21 heißt zu einem erheblichen Grad Management des Unbekannten. Dazu im Folgenden ein paar Tipps.

Die Elemente meines Managementsystems, wie ich es in meinem Buch *Führen Leisten Leben* dargestellt habe, können sowohl für Bekanntes als auch für Neues und daher noch Unbekanntes, angewandt werden. Die Grundsätze, Aufgaben und Werkzeuge ändern sich nicht, aber ihre Anwendung auf Neues kann um ein Vielfaches schwieriger sein. Im Kern ist die Große Transformation eine Black Box, wie man in der Kybernetik ein System nennt, das man nicht nur nicht kennt, sondern das man prinzipiell auch nicht kennen kann. Sind wir damit aber nicht am Ende von Management schlechthin angelangt? Nein, ganz im Gegenteil …

Wir können zwar nicht wissen, wie die Transformation im Einzelnen verlaufen wird, aber immerhin kennen wir einige ihrer Grundmuster sowie einige ihrer größten Risiken und daher können wir uns in gewissem Umfang darauf einstellen. Für den kontrollierten Umstieg zwischen den beiden S-Kurven der Großen Transformation – das heißt den Grundlagen der gegenwärten Existenz der Alten Welt und den Grundlagen der zukünftigen Existenz der Neuen Welt – gibt es dann noch ein paar spezielle Tools im kybernetischen Repertoire.

Wenn das Wertvollste zum Hindernis wird

In Transformations- und Substitutionsprozessen werden viele der früheren Navigationshilfen nicht nur unbrauchbar, sondern sie leiten mit großer Überzeugungskraft auch in die falschen Richtungen. Die in normalen Zeiten für Führungskräfte so wertvolle und unersetzbare Erfahrung kann daher zum größten Hindernis für den Umstieg von der alten, bekannten Welt werden.

So waren für die Entwicklung des Autos die Erfahrungen aus dem Bau von Pferdefuhrwerken bedeutungslos. Aus der mechanischen Büromaschinenindustrie konnte so gut wie nichts in das Computerzeitalter übernommen werden. Und das Know-how der früheren Fotoindustrie war ein einziges großes Hindernis, als man versuchte, auf die digitale Bilderzeugung umzustellen. Keines der damaligen Unternehmen, einst groß, stolz und mächtig, schaffte den Umstieg.

Nicht nur Kommunikation, sondern auch Metakommunikation

Systeme, so auch Personen und Teams, steuert man durch Information und Kommunikation. Man befähigt sie damit, *sich selbst* steuern zu können. In komplexen Situationen reicht es aber nicht aus, dass man sie informiert, sondern man muss vielmehr so informieren, dass sie *kollektiv wissen*, dass sie alle denselben Informationsstand haben. In der Kybernetik gehört das zur so genannten Metakommunikation. Damit befähigt man Personen und Teams, sich selbst zu steuern und, falls nötig, sich selbst neu zu organisieren und zwar nicht nur als Personen, sondern als Teams.

Dazu muss ein spezieller kommunikativer Effekt herbeigeführt werden: *Jeder weiß, dass alle wissen, dass alle wissen, was neu werden soll ...* Dieser Gedanke ist für viele ungewohnt. Genügt es denn nicht, dass jeder weiß, was er oder sie wissen muss? Manchmal Ja und immer öfter Nein. Hier kommen wir in die eigentliche Kybernetik als Wissenschaft von »Communication and Control«. Bilaterale Kommunikation allein genügt für das Beherrschen komplexer Situationen nicht, sondern maximiert eher das Risiko von Missverständnissen. Synchron zu Kommunikation muss daher auch Metakommunikation stattfinden.

Die Lagebesprechung

Eines der Mittel dazu ist die vertraute Lagebesprechung. Rasche Veränderungen und unbekannte Situationen erfordern enge und schnelle Koordination von Teams sowie immer wieder neues Abstimmen der Prioritäten. Dies erreicht man durch gemeinsame Lagebesprechungen per Anwesenheit oder auch per Tele-Conferencing zu regelmäßigen, im Voraus bestimmten Zeitpunkten. Falls mehr erforderlich ist, arrangiert man das nach Bedarf. Die richtigen Zeitintervalle ergeben sich aus der Situation und ihrer Veränderungsgeschwindigkeit. Bei hoher Dynamik ist eine Lagebeurteilung einmal pro Tag am Morgen das Minimum. Meistens muss man eine »Lage« nochmals am Abend machen. Es kann aber auch sein, dass man sich viel öfter koordinieren muss, beispielsweise jede Stunde in einer Krisensituation – und vielleicht sogar *realtime* online.

Neue Zentralität – das Hub-Prinzip

Das heute weithin dominierende Organisationsprinzip ist die Dezentralität. Diese funktioniert umso besser, je weniger die Systemelemente für ihr zweckmäßiges Handeln miteinander vernetzt sind, zum Beispiel Business Units und Tochtergesellschaften in der Wirtschaft oder Stationen in den Großkliniken und Fakultäten an den Universitäten.

In der Dynamik von tiefgreifendem Change, wo grundsätzlich alles infrage gestellt wird, muss die Dezentralität – damit sie auch dann noch funktioniert – aber ergänzt und überlagert werden durch eine neue *Zentralität der Informationsströme.* Dafür muss man Koordinationsknoten einrichten, gewissermaßen wie Hubs im Flugverkehrssystem. Diese müssen so organisiert sein, dass an *einem* Punkt jederzeit festgestellt werden kann, ob etwas außer Kontrolle läuft und man daher eingreifen muss. Dazu muss das Prinzip der *One-Person-Responsibility* etabliert werden. Das sind Prinzipien kybernetischer Controls, wie sie unter anderem von Organismen und dem Funktionieren ihrer Nervensysteme und Gehirne abgeleitet werden können und heute zum Beispiel im Flugverkehr selbstverständlich sind. Für viele ist das schwer zu akzeptieren, wenn sie nur die Dezentralisierung kennen gelernt haben. Unter der Bedingung von transformierendem Change, der die Gesamtkonfiguration eines Systems ändert, genügt diese allein aber nicht.

Führen mit Instruktionen und Signalen

Eine weitere Methode für das Meistern von großer Komplexität ist das Arbeiten mit direkt an die Person gerichteten, aufgabenrelevanten Instruktionen. Häufig wird das mit autoritärem Befehlen verwechselt. Es ist aber etwas ganz anderes, nämlich wirksames Steuern und Lenken durch Information und Kommunikation.

Solange eine Situation für einen Mitarbeiter bekannt ist, bestimmt man nur das *Was* und überlässt das *Wie* weitgehend dem Mitarbeiter. Wenn die Situation für eine Person aber neu ist, kann man nicht erwarten, dass sie richtig handelt. Also muss man ihr die für jeden Schritt im Unbekannten nötigen Informationen irrtumsfrei übermitteln. Das bekannteste Bespiel ist das satellitengestützte Navigationssystem in Autos, das uns optisch und akustisch zuverlässig durch eine uns unbekannte Stadt zu einem uns unbekannten Punkt lotst:

»Fahren Sie 300 Meter geradeaus, an der Kreuzung links abbiegen; die zweite Querstraße rechts und nach 100 Metern biegen Sie nach rechts in die Einfahrt ein …«. Trotz sprachlicher Form des Imperativs sind solche Instruktionen keine Befehle im üblichen Sinne, sondern man könnte sie bezeichnen als »zur Befolgung empfohlene Informationen für die verlässliche Erfüllung einer Aufgabe«.

Ein anderes Beispiel ist die Ausschilderung einer Umleitung bei Baustellen im Verkehrssystem einer Stadt. Eine ähnliche Funktion erfüllen auch die Signalisationen in großen Bahnhöfen oder Flughäfen, die der Orientierung von Millionen von Reisenden dienen. So selektiert jeder Fluggast jene Information, die er oder sie zu diesem Zeitpunkt braucht, um das Ziel zuverlässig zu finden. Dies befähigt Menschen, auch bei völliger Ungewissheit des Neuen richtig zu handeln. Instruktionen und Signale geben die nötige und zuverlässige Orientierung für das Verhalten im Unbekannten, sie lassen Stress gar nicht aufkommen.

IDEAL ODER KOMPROMISS IN DER FÜHRUNG?

Wenn man in einer Organisation etwas als Grundsatz formuliert, bekommt dieser oft den Anschein eines Ideals. Wer aber ausreichend Erfahrung in Organisationen hat, wird wissen, dass man im Management ein Ideal eher selten *realisieren* kann. Man muss daher häufig mit Kompromissen rechnen. Gerade deshalb braucht man die Ideale und Grundsätze. Dies weniger, um sie zu verwirklichen, sondern um eine Chance zu haben, zwei Arten von Kompromissen zu unterscheiden.

In einer realen Welt gibt es richtige und falsche Kompromisse. Mehr richtige als falsche Kompromisse zu machen, ist einer der Grundsätze, der gutes Management von schlechtem Management unterscheidet.

Jede Organisation braucht Menschen in ihren Schlüsselpositionen, die Opportunismus von klugem Verhalten unterscheiden können. Man braucht Führungskräfte, die in schwierigen Situationen nicht die oben erwähnte Frage stellen: »Was soll ich tun?«, sondern die viel wichtigere und schwierigere Frage: »Was wäre richtig – in dieser Situation …?« Solche Menschen gibt es. Es gibt Führungskräfte, die nicht fragen, was der leichteste Weg wäre oder der angenehmste, was wohl die Medien erwarten oder die Gewerkschaften, was der Karriere am dienlichsten wäre und dem Einkommen, sondern die sich ehrlich und ernsthaft um den richtigen Weg bemühen.

Das allein garantiert zwar nicht, dass sie immer eine richtige Antwort finden. Auch ihnen passiert es, dass sie falsche Kompromisse machen. Schädlich und gefährlich ist es, wenn es zu einer Akkumulation von falschen Kompromissen kommt, und dies geschieht in aller Regel dann, wenn niemand mehr nach dem Ideal fragt und die Grundsätze vergessen sind oder ignoriert werden.

ÜBER DEN AUTOR

Prof. Dr. Fredmund Malik gehört zu den renommiertesten Managementexperten Europas. Er ist bekannt für sein präzises Denken, seine scharfsinnigen Analysen und seine klare Sprache. Seit mehr als 40 Jahren arbeitet der mehrfach ausgezeichnete Bestsellerautor, Managementwissenschaftler und Unternehmer an einem lehr- und lernbaren Standard für professionelles Management.

Malik ist Gründer und Chairman des gleichnamigen Unternehmens, der führenden Institution für das Management komplexer Systeme. Aufgrund seiner langjährigen Erfahrung als Mitglied, Vorsitzender und Berater in internationalen Führungsgremien ist er fundierter Kenner der Corporate-Governance-Praxis. Malik wurde unter anderem mit dem Ehrenkreuz der Republik Österreich für Wissenschaft und Kunst, dem Heinz-von-Foerster-Preis für Organisationskybernetik der Deutschen Gesellschaft für Kybernetik, dem The People's Republic of China Friendship Award from State Administration of Foreign Experts Affairs of the P. R. C. und dem Life Achievement Award der Weiterbildungsbranche ausgezeichnet.

Der an der Universität St. Gallen habilitierte Professor für Unternehmensführung ist Special Professor of Management an der Capital University of Economics and Business (CUEB) in Peking sowie Honorar-Professor der Jilin University (JLU) in China.

Fredmund Malik ist passionierter Bergsteiger. Er ist verheiratet, hat zwei Kinder und lebt in St. Gallen.